JN296328

口絵 1　ギザのピラミッド(カフラー王のもの，エジプト，友久誠司氏 提供)

口絵 2　ローマの水道橋(ポン・デュ・ガール，フランス，檀和秀氏 提供)

口絵 3　関西国際空港第 2 期工事完成(2007 年 5 月撮影，関西国際空港用地造成(株) 提供)

口絵 4　琵琶湖疎水(滋賀県大津市)

口絵 5　明石海峡大橋

口絵 6　土の懸濁液の色((協)関西地盤環境研究センター　提供)

環境・都市システム系 教科書シリーズ 1

シビルエンジニアリングの第一歩

工学博士 澤　孝平

嵯峨　晃

博士(工学) 川合　茂

工学博士 角田　忍　共著

工学博士 荻野　弘

奥村　充司

工学博士 西澤　辰男

コロナ社

環境・都市システム系 教科書シリーズ編集委員会	
編集委員長 澤　　孝平	（元明石工業高等専門学校・工学博士）
幹　　事 角田　　忍	（明石工業高等専門学校・工学博士）
編 集 委 員 荻野　　弘	（豊田工業高等専門学校・工学博士）
（五十音順）　奥村　充司	（福井工業高等専門学校）
川合　　茂	（舞鶴工業高等専門学校・博士（工学））
嵯峨　　晃	（元神戸市立工業高等専門学校）
西澤　辰男	（石川工業高等専門学校・工学博士）

（2008年4月現在）

刊行のことば

　工業高等専門学校（高専）や大学の土木工学科が名称を変更しはじめたのは1980年代半ばです。高専では1990年ごろ，当時の福井高専校長 丹羽義次先生を中心とした「高専の土木・建築工学教育方法改善プロジェクト」が，名称変更を含めた高専土木工学教育のあり方を精力的に検討されました。その中で「環境都市工学科」という名称が第一候補となり，多くの高専土木工学科がこの名称に変更しました。その他の学科名として，都市工学科，建設工学科，都市システム工学科，建設システム工学科などを採用した高専もあります。

　名称変更に伴い，カリキュラムも大幅に改変されました。環境工学分野の充実，CADを中心としたコンピュータ教育の拡充，防災や景観あるいは計画分野の改編・導入が実施された反面，設計製図や実習の一部が削除されました。

　また，ほぼ時期を同じくして専攻科が設置されてきました。高専〜専攻科という7年連続教育のなかで，日本技術者教育認定制度（JABEE）への対応も含めて，専門教育のあり方が模索されています。

　土木工学教育のこのような変動に対応して教育方法や教育内容も確実に変化してきており，これらの変化に適応した新しい教科書シリーズを統一した思想のもとに編集するため，このたびの「環境・都市システム系教科書シリーズ」が誕生しました。このシリーズでは，以下の編集方針のもと，新しい土木系工学教育に適合した教科書をつくることに主眼を置いています。

（1）　図表や例題を多く使い基礎的事項を中心に解説するとともに，それらの応用分野も含めてわかりやすく記述する。すなわち，ごく初歩的事項から始め，高度な専門技術を体系的に理解させる。

（2）　シリーズを通じて内容の重複を避け，効率的な編集を行う。

（3）　高専の第一線の教育現場で活躍されている中堅の教官を執筆者とす

る。

　本シリーズは，高専学生はもとより多様な学生が在籍する大学・短大・専門学校にも有用と確信しており，土木系の専門教育を志す方々に広く活用していただければ幸いです。

　最後に執筆を快く引き受けていただきました執筆者各位と本シリーズの企画・編集・出版に献身的なお世話をいただいた編集委員各位ならびにコロナ社に衷心よりお礼申し上げます。

2001年1月

編集委員長　澤　　孝　平

まえがき

　1945年の第二次世界大戦終了後，廃墟となったわが国土をわずか10年ばかりの短期間で復興させ，それに引き続き経済的にも社会的にも世界の一流国に育てた高度成長時代を牽引し，さらに安全・安心で豊かな市民生活を支えてきたのは，高度な社会資本整備でした。道路・鉄道・港湾・空港などの交通施設，都市改造・宅地造成・工業団地の配置などの土地整備，上下水道・電力・ガス・通信などのライフライン整備，諸々の環境整備と防災施設などのいわゆる社会資本の企画・計画・設計・施工・維持管理を主体的に実施しているのは，土木工学・シビルエンジニアリングです。

　1980年代までは「土木工学」と呼ばれていたこの分野は，1990年代以降環境，防災，情報などの占める割合が増えるとともに，「土木」という名前から受ける悪印象も重なり，別のネーミングに衣替えしました。すなわち，環境都市工学・都市システム工学・建設工学・社会開発工学・市民工学・地球工学等々です。このような背景のもとに，「環境・都市システム系教科書シリーズ」の企画を始めたのは，約10年前の1998年秋ごろでした。本書はその1回配本として出版するはずのものでしたが，時代の変化を反映しようと努力した結果今の時期になってしまいました。

　大学・高専・工業高校において，この分野の入門科目として開講されていた「土木工学概論」も，学科の名称変更とともにその科目名や内容を変えているはずです。本書は，このような科目に使える教科書として，この分野に足を踏み入れたフレッシュマンあるいはこの分野を志望している人々を意識して，編集しました。書名は，旧来の「土木」から派生したいろいろなネーミングに対応できるように，「シビルエンジニアリングの第一歩」としました。

　本書の構成は，総説に当たる*1*章に続き，シビルエンジニアリングの主要

な専門領域について，**2**章から**8**章までわかりやすく解説しています。執筆者は，前述の教科書シリーズの編集委員であり，シビルエンジニアリングの主要な専門領域において，長らく高専の教員として活躍してきたベテランです。具体的には，**1**章（澤），**2**章（嵯峨），**3**章（川合），**4**章（澤），**5**章（角田），**6**章（荻野），**7**章（奥村）**8**章（西澤）が担当しました。さらに，本書の各専門領域で取り上げる内容や執筆スタイルは，画一的でなく，それぞれの専門領域の特徴を出しています。

　学習・教育方法の本質は，難しいことをわかりやすく説明し，楽しく親しみやすい内容とすることでしょう。執筆者一同は，この主旨をまっとうするように心がけたつもりですが，浅学非才のため十分でないこともあると存じます。読者の皆様をはじめ関係者各位から忌憚のないご意見をいただき，後日を期したく存じます。

　最後に，本書の執筆にあたり参考とさせていただいた多くの参考文献とURLおよび写真をご提供いただいた方々に感謝するとともに，出版に際してお世話いただいたコロナ社の方々に厚く御礼申し上げます。

2008年2月

執 筆 者 一 同
代表　澤　孝平

目　　　次

1. 　　シビルエンジニアリングとは

1.1 　シビルエンジニアリングと土木工学 ························· *1*
1.2 　シビルエンジニアリングの代表的な構造物 ··················· *5*
　1.2.1 　古代の構造物 ··· *5*
　1.2.2 　アメリカ土木学会が選んだ20世紀の10大プロジェクト ······ *9*
　1.2.3 　日本の大プロジェクト ································· *15*
1.3 　シビルエンジニアリングの特徴と使命 ······················· *23*
1.4 　技術者の条件 ··· *27*
1.5 　シビルエンジニアリングの学習内容 ························· *30*

2. 　　構造・橋への第一歩

2.1 　橋　　と　　は ··· *34*
2.2 　橋　の　歴　史 ··· *35*
2.3 　橋の形式と構造 ··· *38*
2.4 　橋　の　役　割 ··· *42*
2.5 　橋　と　生　活 ··· *46*

3. 　　河川技術への第一歩

3.1 　河川技術とは ··· *51*
3.2 　洪水災害と河川技術 ······································· *52*
3.3 　生活用水の供給と貯留（水と私たちの生活） ················· *56*
3.4 　川　と　環　境 ··· *60*

4. 地盤・土への第一歩

- 4.1 地盤・土の特徴 …………………………………………… 66
- 4.2 構造物を支える地盤の強さ ………………………………… 69
- 4.3 地震による地盤の液状化 …………………………………… 71
- 4.4 地盤の圧密沈下 ……………………………………………… 74
- 4.5 地盤の環境問題 ……………………………………………… 77

5. 建設材料への第一歩

- 5.1 建設材料とは ………………………………………………… 86
- 5.2 建設材料の歴史と分類 ……………………………………… 87
- 5.3 天 然 材 料 …………………………………………………… 88
- 5.4 人 工 材 料 …………………………………………………… 92

6. 都市計画への第一歩

- 6.1 日本の都市計画の変遷 ……………………………………… 100
- 6.2 土地利用計画 ………………………………………………… 103
- 6.3 都市交通施設の計画 ………………………………………… 105
- 6.4 都 市 環 境 …………………………………………………… 109

7. 環境問題への第一歩

- 7.1 シビルエンジニアリングと環境都市 ……………………… 112
- 7.2 環境問題の学習内容 ………………………………………… 114
- 7.3 環境都市と人の身体 ………………………………………… 115

8. 情報技術への第一歩

- 8.1 情報とコンピュータ ………………………………………… 132
- 8.2 解析技術とシミュレーション ……………………………… 137

8.3	設計から施工まで（CALS の世界）	*141*
8.4	リモートセンシングと GIS	*145*
8.5	技術者に必要な情報リテラシー	*149*

引用・参考文献 ………………………………………………… *151*
索　　　引 ……………………………………………………… *157*

1

シビルエンジニアリングとは

1.1 シビルエンジニアリングと土木工学

　私たちは日常の生活を快適に過ごすためにいろいろな施設や設備を使い，その恩恵を受けています。毎朝起床してトイレで用を足し洗面所で顔を洗うと，上下水道のお世話になります。食事を作るためにはガスや電気が必要でしょう。電話やインターネットなどの通信設備を含めて，これらをライフラインと言います。学校へ登校するときにはバスや電車を利用する人も多いでしょう。道路・鉄道・港湾・空港などは交通のための施設です。道路や鉄道が川や山を越えるところには橋やトンネルがあります。買い物やレジャーのために町へ出かけるとそこにはきれいな街並みが見られます。これらの施設をまとめて社会基盤施設またはインフラストラクチュアと言います。この社会基盤施設を造るためにはいろいろな技術が使われます。そしてこの技術に関する学問分野をわが国では「土木工学」と呼んでいます。

　社会基盤施設を造る工事を，江戸時代までは家や建物を造る工事と一緒にして「普請（ふしん）」と言っていましたが，西洋技術を導入し産業を近代化した明治時代の初めに，これを「土木」と言うことになりました。この名前の由来は，中国の古典「淮南子（えなんじ）」に出てくる「築土構木（土を築き・木を組んで構造物を造る）」という言葉です。その後，この「土木」という言葉は，建物やビルを造る「建築」と対峙（たいじ）して，社会基盤整備を担当する官庁や民間会社の部・課・係をはじめ，大学などの学校の学科名に広く使われていきました。

第二次世界大戦後，「土木」の仕事は社会基盤施設を造り，人々の生活を快適にするとともに，地震・津波・豪雨・火山噴火などの自然災害への対策や大気汚染・水質汚濁・騒音・振動などの公害に代表される環境被害への対策が重要視され始めました。一方，仕事の重要さとは裏腹に「土木」という言葉が実態を表さないのではないかとの議論が起こり，1980年代には「土木改名」の検討が土木学会で取り上げられました。多くの検討を重ね，学会の名称は従来どおりにすることなりました。しかし，大学・高専では，従来の社会基盤整備の技術に加えて防災や環境などの技術分野の拡大，情報・通信・システムなどの新しい技術の導入に対応するために，土木工学科を改組することが1990年代中ごろから始まり，学科の名称を変える動きが進みました。

2007年5月現在の大学・高専の土木系学科の名称をまとめたものが**表 1.1**です。従来の「土木工学科」は，国公立大学で2大学（45大学中），私立大学で5大学（46大学中），高専で1高専（28高専中）であり，全体の約7％です。残りの約93％は別の名称に変わりました。改名した学科名に使われている言葉は，「建設」「環境」「都市」「社会」が多く，これらの組合せとともに，「システム」や「デザイン」というカタカナ語を使うものもかなりあります。グローバル化した社会への対応の故(ゆえ)か「地球」を取り入れた大学があります。変わったところでは，建築学科という名称で土木系の教育も含めている学科もあります。

表 1.2は工業高校の土木系の学科名をまとめています。工業高校では190校中113校が「土木」を学科名として使っていますが，約40％の77校が建設・環境・都市などを用いた名称に変えています。官公庁の担当部局も，建設局・土木課から整備局・建設課などへ改名されています。

土木工学の英語表記は「Civil Engineering」です。工学（Engineering）は，もともと要塞や城壁などの建設をするための軍事工学（Military Engineering）が中心でした。ローマ時代には，道路，橋，水道などが軍事目的でもあり，市民生活を支えるものでもありました。後に市民生活と産業活動のための（軍事目的以外の）社会基盤を整備する工学としてCivil Engineering

表 1.1 大学・高専の土木系学科の名称

	土木	建設	環境	都市	社会	地球	基盤	開発	システム	デザイン	ほか
土木	土木工学科 鳥取大学・東京都市大学・東海大学・日本大学・中央大学・東京理科大学・鹿児島高専		土木環境工学科 東京工業大学・宮崎大学・山梨大学								土木建築工学科 (徳山高専・八代高専)
建設		建設(工)学科（課程） 室蘭工業大学・新潟大学・横浜国立大学・崎玉大学・群馬大学・鹿児島大学・日本大学・福井工業高等専門学校	建設環境工学科 岩手大学・防衛大学校（高知高専）・（八戸高専）・（福島高専）		建設社会工学科 九州工業大学			土木開発工学科 北見工業大学	建設システム工学科 室蘭工業大学・名城大学・（阿南高専）・（舞鶴高専）		
環境		環境建設工学科 九州産業大学・金沢工業大学	環境建設工学科 長岡技術科学大学・広島大学・東京大学・琉球大学・東北大学・日本工業大学・広島工業大学短期大学部	環境都市工学科 大阪市立大学・(秋田高専)・(石川高専)・(木更津高専)・（岐阜高専）・(呉高専)・(豊田高専)・（苫小牧高専）・（長岡高専）・（函館高専）・（福井高専）・（和歌山高専）	環境社会工学科 北海道大学				環境情報システム工学科 明星大学・立命館大学	環境デザイン工学科 岡山大学・東邦大学	環境情報学科 武蔵野大学・日本大学 環境創造学科 名城大学
都市		都市建設工学科 中部大学・広島工業大学	都市環境(工)学科 愛知工業大学・足利工業大学・法政大学 都市環境デザインコース 大同工業大学高専 都市環境システムコース （近畿大学高専） （大阪府立高専）	都市工学科 東京大学・佐賀大学・武蔵工業大学・（神戸市立高専）	都市社会工学科 名古屋工業大学		都市基盤工学科 大阪市立大学 都市基盤デザインコース 九州産業大学		都市システム工学科 茨城大学・立命館大学・明石高専・（大分高専）	都市デザイン工学科 大阪産業大学 都市ランドスケープ学系 国士舘大学	
社会		社会建設工学科 山口大学	社会環境(工)学科 名古屋工業大学・熊本大学・群馬大学・第一工業大学・北海道学園大学・早稲田大学 橋工科大学 社会環境デザイン学科 四日市大学 社会環境システム学科 関東学院大学・摂南大学		社会基盤工学科 岐阜大学・北海道工科大学		社会基盤工学科 信州大学・長崎大学	社会開発工学科 信州大学・長崎大学	社会システム工学科 高知工科大学	社会デザイン工学科 福岡大学	社会交通工学科 日本大学
地球						地球工学科 京都大学					
基盤											地球総合工学科 大阪大学
開発											
システム											
デザイン											
ほか	海洋土木工学科 鹿児島大学	建築建設工学科 福井工業大学・福山大学 海洋建設工学科 東海大学	建築・社会環境工学科 東北大学 建築都市環境学科 千葉工業大学						安全システム工学科 香川大学	エコデザイン学科 楽城大学	市民工学科 神戸大学 建築学科 日本文理大学 創造工学案 東京電機大学

(注1) 表の縦軸は学科名の最初の名称、横軸は2番目の名称。
(注2) 大学名の立体字は国公立大学、斜体字は私立大学、( ) 付きは工業高等専門学校を示す。

表 1.2　工業高校の土木系の学科名

科・学科名	北海道	東北	関東	北信越	東海	近畿	中国	四国	九州	合計
土木科（土木工学科）	7	18	12	10	12	9	9	9	27	113
土木システム科		2								2
土木情報科		1								1
土木・建築科（建築土木科）		2			1					3
建設科	3		7							10
建設工学（業）科		1	4	2	3	3		1	3	17
建設システム科		1					1		1	3
建設技術科			1						1	2
建設造形科				1						1
環境土木科	1	1		1						3
環境建設科			2		1	1	1	1		6
環境工学科		1								1
環境システム科		1					1			2
環境化学科				1						1
都市工学科		2	2		1	4	1		1	11
都市システム科		1			1		1			3
都市環境（工）学科						1	1			2
建築・都市工学科（都市・建築科）			1						1	2
工業科				1						1
総合技術科		1	1							2
総合学科		1								1
インテリア科				1						1
海洋開発科		1								1
農業土木科						1				1
合計	11	34	30	18	19	19	15	11	33	190

（シビルエンジニアリング）が位置づけられました．したがって，シビルエンジニアリングは非軍事的な技術全般を指すもので，初期のシビルエンジニアリングには機械工学・電気工学・化学などあらゆる工学が含まれていました．その後，多くの工学がそれぞれの専門分野を深めつつシビルエンジニアリングから分かれていき，現在のように公共的なインフラストラクチュアの構築に必要な技術をシビルエンジニアリングと言うようになりました．

前に述べましたように，多くの大学・高専・工業高校では従前の土木工学を別の名称で呼ぶようになっていますので，それらを学ぶフレッシュマンを対象とした本書は「シビルエンジニアリング」の用語を使うことにしました。

1.2 シビルエンジニアリングの代表的な構造物

シビルエンジニアリングは，規模の大小はともかく人が地球上で生活を始めたときから存在していたと言えます。獲物や水を求めて移動するのには「道」が造られました。最初は踏み固めただけの自然の道でしたが，やがて安全で通りやすいように，いろいろと工夫されたはずです。初期のシビルエンジニアリングでしょう。ここでは，シビルエンジニアリングの成果としての代表的な構造物を紹介します。

1.2.1 古代の構造物

私たちの祖先が生活していた痕跡は遺跡として現在に受け継がれ，その多くは世界遺産としてユネスコに登録されています。古代文明が栄えた地域にはとても優れた構造物があり，古くから高度なシビルエンジニアリング技術が発達していたことがわかります。

〔*1*〕 **ピラミッド**[1),2)] ピラミッドは，エジプトや中南米諸国で建設された四角錘の巨石建造物であり，王の墓として造られたとされています。古代エジプトでは，BC 2700 年から BC 500 年にかけて多くのピラミッドが建設されました（**口絵 1**）。世界最大のものはギザに築かれたもので，高さ 146 m，底辺の一辺は 230 m，勾配は約 52 度です。ピラミッドの建設に必要な石材は，石切り場から切り出され，ナイル川の舟運を使って運ばれたとされています。陸上の運搬は人力が中心であり，テコやコロあるいはそり状の修羅と呼ばれる器具をうまく利用していたと思われます。1 個の石の大きさは 1 辺 5 m，質量 250 t にもなり，1 つのピラミッドに 100 万個から 200 万個の石材が必要です。これを運搬して積み上げるには，現在の建設機械を用いてもかなりの労力と技

術を必要とし，古代人の技術の高さはすばらしいものです。

例えば，巨大な石造りのピラミッドの基礎地盤はしっかりとしたものでなければ崩れたり，傾いたりしますが，4500年以上を経ても健全な姿を見せているのですから，地盤の事前調査はすばらしいものでした。また，地盤の水平性の確認や黄金比でできているとされる四角錐の寸法を測る測量技術にも長けていたと思われます。

これまでは，ピラミッド建設の作業には奴隷(どれい)を働かせていたと考えられていましたが，最近の調査によると，奴隷ではなくふつうの農民が従事していたようです。ナイル川の氾濫期には農業ができないため，その失業対策としての意味もあったようで，現在の公共事業にも通じるものです。

一方，中南米のピラミッドはエジプトのものより数世紀後に造られています。その形状は四角錐ではなく，上面が平らになっていてそこに神殿が建設されていました。墓ではなく神殿の基礎構造物でした。メキシコシティの北東約50 kmの宗教都市遺跡テオティワカンにある太陽のピラミッド（高さ65 m，底辺222 m×225 m，図 **1.1**）と月のピラミッド（高さ47 m，底辺140 m×150 m）がその代表です[3]。

図 **1.1** 太陽のピラミッド（メキシコ）

〔**2**〕 **ローマの水道・道路**　古代ローマはBC 8世紀からAD 5世紀にかけて栄え，ヨーロッパ全土，西アジア，北アフリカを含む広大な領土を持ち，

多くのシビルエンジニアリングを展開しています。特に，水道と道路は現在まで受け継がれているほどです。

ローマ帝国内のどのような都市にも水道が建設されています。なかでも，都市ローマ内の水道は500年の歳月をかけ建設されたもので，11の水路からなり，総延長約480 kmもあります[4]。そのうち，**口絵2**に示す水道橋などの地上部はわずか47 kmで，軍事上，衛生上の観点から，大部分を地下水路として建設されました。水の流れは原則的に重力によるものであり，水路の傾斜は1：3 000（1 km当り34 cm下がる）に正確に造られています。ここでも，地盤の健全性の判定や高度な測量技術が駆使されています。また，くぼ地を通過する際にはサイフォンによりパイプ内の圧力を調整しており，現在の技術にも通じるものを持っていました。

一方，「すべての道はローマに通じる」と言われるように，ローマ帝国の発展に欠かせない施設は無数の道路を網目状に展開した道路網でした。BC 312年ローマとカプア間の軍用道路（アッピア街道）の建設を嚆矢として，500年の年月をかけてローマ道が造られました。その最盛期には幹線道路の延長が9万km，下級道路を合わせると30万kmにも達しました。これらの道路網は軍隊の迅速な移動を目的としていましたが，軍事に関係のない一般市民も利用できましたので，物流などの経済面にも大きな影響を及ぼしました。

図1.2は最も立派な道路構造を持つアッピア街道の横断面です[5]。中央部は歩兵のための道路，両端部分は馬と車のための道路です。縁石は歩行者の腰

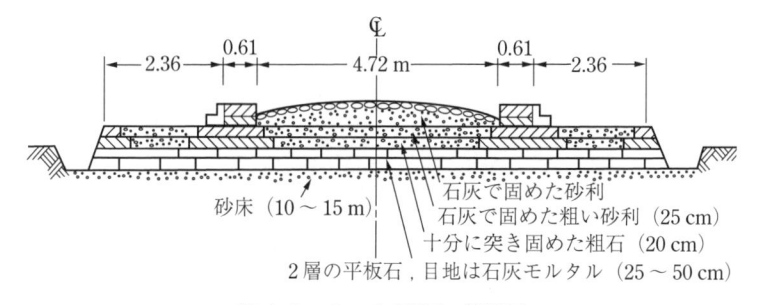

砂床（10〜15 m）
石灰で固めた砂利
石灰で固めた粗い砂利（25 cm）
十分に突き固めた粗石（20 cm）
2層の平板石，目地は石灰モルタル（25〜50 cm）

図1.2 アッピア街道の横断面

掛けとして利用されます。この道路の構造は，2層に敷いた平板石の上に玉石を固めて敷き，さらに石灰で固めた砂利を2層載せ，路面には硬い切石を並べています。表層の切石の代わりにアスファルトコンクリート層あるいはセメントコンクリート版を載せれば，現在の高級舗装として使用できるほど優れた構造です。

〔**3**〕 **万里の長城**[6],[7]　万里の長城は，中国歴代王朝が北方遊牧民族の侵入を防ぐために築いた巨大な城壁です。紀元前3世紀に秦の始皇帝が中国を統一したとき，それまで各地の支配者により築かれていた長城を繋げたのが始まりとされています。当時の長城は土を盛っただけのそれほど高いものではなかったので，何回となく異民族が侵入してきました。そこで，漢を経て17世紀の明時代までの間に，重要な部分を石やレンガで補強した堅固な城壁が造られました。また，版築（**1.2.3**項〔**1**〕において説明）という土を固める技法で造られた城壁もありましたが，長城の末端部分は昔ながらの土を盛り上げた状態のものでした。

すべての時代の城壁を合わせると，その延長は5万kmを超えると言われています。現存する城壁の総延長は約6 000 kmあり，大部分は明代に造られたものです。この世界最大の城壁は，人工衛星の撮影した写真でもはっきりと見ることができます。現在最も有名な城壁は，北京市近郊の八達嶺長城（図

図 **1**.**3**　万里の長城（友久誠司氏 提供）

1.3）であり，石やレンガで造られた重厚なもので，敵監視台，狼煙台(のろし)などが造られています。城壁の大きさは高さ7.8 m，底幅6.5 m，上幅5.8 mで，頂部は連絡通路となっています。

1.2.2　アメリカ土木学会が選んだ20世紀の10大プロジェクト

アメリカの土木学会（American Society of Civil Engineers, ASCE）は1999年に20世紀の10大プロジェクト（monuments of the millennium）を各部門からつぎのように選定しました[8]。

- ｢空港の設計・開発｣部門：関西国際空港
- ｢ダム｣部門：フーバーダム
- ｢道路｣部門：アメリカ州間高速道路
- ｢長大橋｣部門：ゴールデンゲートブリッジ
- ｢鉄道｣部門：ユーロトンネル
- ｢廃棄物処理システム｣部門：未定
- ｢高層ビル｣部門：エンパイアステートビル
- ｢下水道｣部門：シカゴ下水道
- ｢上水道｣部門：カリフォルニア上水プロジェクト
- ｢水路交通｣部門：パナマ運河

〔1〕 **関西国際空港**[9),10)]　1994年9月に，日本の国際空港としては初めて本格的な24時間運用可能な空港として開港しました。1960年代に関西地方の代表的な空港である大阪空港（伊丹空港）が市街地に近く，騒音などが社会問題となり，いくつかの候補地の中から新たな空港として，大阪南部の泉州沖に人工島を建設して新空港を造ることになりました。平均水深20 mの海域に幅約2 km，長さ約4 kmの人工島を埋立て工法で建設することとし，1987年に着工，1991年に空港島造成工事が完了しました。

空港島の位置する海底地盤は軟らかい粘土層が約20 m堆積し，その下にも少し硬い粘土と砂礫の互層が約400 mあります。そのため空港島建設に伴う地盤の沈下量はとても大きく，造成工事完了時に約8 m沈下しましたので，

実際の埋立て土量は水深の 1.5 倍以上必要でした。その後も沈下が進行して，1994 年の開港時までに合計約 10 m，2006 年 12 月には合計約 12.5 m 沈下しています。1 年間の平均の沈下量は 2006 年現在 9 cm です。このような軟らかい地盤（粘土）の長期間にわたる沈下は土の圧密と言われる現象であり，**4 章**で紹介します。もちろんこれらの沈下量は工学的な解析によって予想され，空港島の安全な建設がなされました。その中でもターミナルビルや管制塔の柱 1 つ 1 つにジャッキが取り付けられており，地盤の沈下の違いによる構造物のゆがみを調整しています。ターミナルビルのデザインや環境対策および空港施設の優秀さとともにこのような大沈下を克服した技術が，20 世紀の 10 大プロジェクトに選ばれたのでしょう。

　関西国際空港は 2007 年 8 月に 2 つ目の人工島の上に第 2 滑走路を完成させ，その機能を向上し基幹国際空港としての役割を果たしています（**口絵 3**）。

〔**2**〕　**フーバーダム**[11]　　フーバーダムは，1929 年より始まった世界経済大恐慌後の経済立て直しのために，ニューディール計画の一環として 1931 年に着工し，1936 年に完成しました。アメリカのアリゾナ州とネバダ州の州境に位置するコロラド川に，高さ 221.4 m，堤頂長 379.4 m，堤体積 259 m³ の重力式アーチダムとして威容を見せています（**図 1.4**）。名前は，造られた当時の大統領ハーバート・フーバーに由来しています。ダム湖はミード湖と呼ばれ，貯水量は約 400 億 t で，琵琶湖の約 1.4 倍もあります。コロラド川の氾濫

図 1.4　フーバーダムとミード湖（友久誠司氏 提供）

防止に役立つだけでなく，灌漑(かんがい)，ラスベガスへの電力供給，ロサンゼルスの水道水の確保など多目的に使用されています．

〔**3**〕 **アメリカ州間高速道路**[8]　アメリカは自動車の先進国で，ヨーロッパで開発された自動車は20世紀になって大量生産システムの導入により爆発的に普及しました．1907年にニューヨーク州で世界最初の高速道路の建設が始まったのをきっかけに，1920年代までは州単位の高速道路計画により整備されていました．その後，経済活動の拡大とともに交通量の増加と長距離化に対応すべく，アメリカ全体として高速道路網の整備の必要性が高まり，当時の大統領アイゼンハワーの強い指導のもとに連邦高速道路法が制定され，1956年に州間高速道路網の整備が始まりました．アイゼンハワーは，第二次世界大戦のヨーロッパ戦線に参戦したときに，ドイツ・オーストリア・スイスを結ぶ4車線の高速道路「アウトバーン」を見て，その軍事的、経済的威力に驚愕(がく)し，アメリカにもこの種の道路の必要性を強く主張しました．全長65 000 kmの道路網を250億ドルの資本投資により10年間で整備する大規模な国家プロジェクトでした．この州間高速道路網の建設は当初予定を大幅にずれ込み，35年後の1991年に1 140億ドルを費やして完成しました．

整備された道路網の総延長は1995年時点で68 811 kmであり，その全線が片側2車線以上です．また，何百もの高架橋やインターチェンジにより，すべての道路は立体交差でつながっています．安全走行のための分離帯や緩やかなカーブ，滑りにくく十分な強度を持った舗装など，多くの工夫がなされています．この道路は，平時の日常・経済活動はもちろん，非常時の軍事活動・民間防衛活動・災害救助・避難活動などにも利用できる構造とシステムを備えています．

〔**4**〕 **ゴールデンゲートブリッジ**[8]　アメリカ西海岸の中心都市サンフランシスコと海峡をはさんだマリン半島を結ぶ吊橋で，6車線の車道と歩道とを持つ道路橋です（**図1.5**）．1933年に建設が始まり，ゴールデンゲート海峡の早い潮流と複雑な地形を克服し，4年の歳月と3 500万ドルの経費をかけて，1937年に完成しました．この橋は全長が2 773 m，水面からの高さが230 m

図 1.5 ゴールデンゲートブリッジ（三田村武氏 提供）

もあります。吊橋の大きさは，2つの主塔間の長さ（中央径間またはスパンと言います）で表しますが，ゴールデンゲートブリッジは1280 mで，1964年にニューヨークのベラザノナロズ橋（スパン1298 m）が完成するまでの間，スパンは世界一でした。ちなみに，現在は明石海峡大橋のスパンが1991 mで世界一です。

ゴールデンゲートブリッジは，インターナショナルオレンジという鮮やかな朱色で塗装されています。この地域は霧が多く発生しますので，視認性を考慮した結果この色が採用されました。完成後70年を経ても世界で一番美しい橋として市民に親しまれています。

〔5〕 **ユーロトンネル**[8]　イギリス（フォークストン）とフランス（カレー）間のドーバー海峡を結ぶ鉄道用海底トンネルは1994年に開通しました。わずか38 kmほどしかないドーバー海峡にトンネルを掘ることは，イギリスやフランスの人々の長年の夢でした。ルイ15世，ナポレオン，ビクトリア女王などが取り組みましたが，そのたびに政治・経済・技術などの問題が生じ，実現には至りませんでした。今回の工事は，1986年に英仏両政府による事業認可が下り，ただちに工事を開始し，1993年に貫通し，1994年5月に開通式が行われました。

ユーロトンネルは，トンネルを掘るのに適した石灰岩層を通り，海底部の総延長は37.9 kmで，青函トンネル（23.3 km）を抜いて世界一です。トンネ

ルの全長は 50.5 km あり，青函トンネル（53.85 km）についで世界 2 位です。トンネル内を通過する列車はユーロスター（旅客専用），車運搬用シャトル列車，貨物シャトル列車です。

　この海底トンネルは，トンネルボーリングマシン（TBM）と呼ばれる機械を用いたシールド工法によって建設されました。今回は 11 基の TBM が使われ，このうち主トンネル用の 4 基は日本製のものでした。この TBM カッターの一部はフランス側のターミナルに保存されています。青函トンネルをはじめ多くのトンネルを掘削している日本のトンネル技術が大いに貢献しました。例えば，海水に長期間耐えるコンクリートの配合技術，トンネルと地山の隙間を埋める注入材の配合技術，耐震設計，各種の安全対策など，経験に裏打ちされた日本の先進技術はヨーロッパの技術者の目を奪いました。

〔6〕**パナマ運河**[8]　　南北のアメリカ大陸を横断する海の近道を作り，大西洋と太平洋を結ぶ構想は，長年の夢でした。1914 年に完成したパナマ運河は，全長 80 km あります。この地に運河を造ることは，1534 年にスペインのチャールズ 1 世が調査を指示したのが始まりと言われています。その後，スエズ運河の建設を成功させたレセップスがスエズ運河と同形式の海面式運河を計画し，1882 年にフランスの主導で建設が始まりました。しかし，黄熱病の蔓延，やわらかい土砂を安全に掘削する技術的問題などにより，1889 年に中止となりました。

　1904 年にアメリカが陸軍省内に地峡運河委員会を設置し，閘門式運河の建設に着手しました。レセップスの失敗を教訓に，マラリヤなどへの保健衛生対策，軟弱土砂掘削用の蒸気機関パワーショベルなどの大型機械の導入とコンクリート構造物の高強度化技術などが開発されました。動員された労働者は約 4 万人，掘削土量は 1 億 8 500 m^3 と言われています。アメリカ・パナマの両政府の協定により，運河収入はパナマ政府に入りますが，運河地域の施政権と運河の管理権はアメリカが持っていました。戦後，運河返還を求める声が強くなり，1999 年 12 月 31 日にパナマへ返還されました。

　この運河は，3 つの人造湖と 3 つの閘門を持っており，閘門により水位を上

下させ，標高の高い部分を船が通過できるようにしています（図**1.6**[12]）。現在のパナマ運河はパナマ共和国が管理していますが，通行量の増大，船舶の大型化の流れを受けて，2006年には運河拡張計画がパナマ運河庁により提案され，国民投票により実施することが決定されています。

(a) 湖を渡ってきた船が水門aの前で止まると，地下の水管xを開いて湖水をAに入れる。

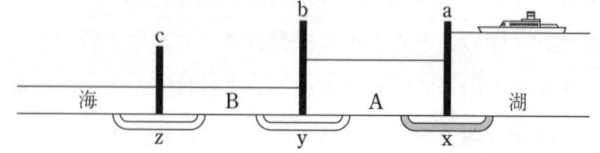

(b) Aの水面が湖水と同じ高さになると，水門aを開いて船はAに入り，水門aを閉じる。その後，水管yを開く。

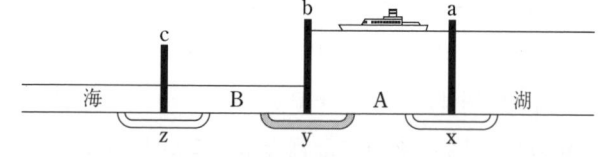

(c) Bの水面がAと同じ高さになると，水門bを開いて船はBに入り，水門bを閉じる。その後，水管zを開く。

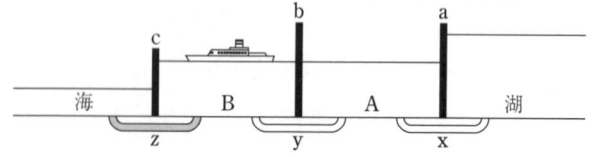

(d) Bの水面が海面と同じ高さになると，水門cを開いて船は海へ進む。船が海から湖へ上るときは，この逆の順序となる。

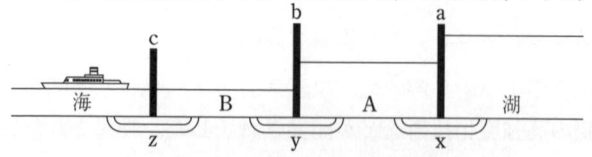

図**1.6** 閘門式運河の仕組み

パナマ運河の建設に単身参加して，その完成に貢献した日本人がいます。それは青山 士（あきら）です。彼は東京帝国大学土木工学科を卒業後渡米し，地峡運河委員会に採用され，1904年からパナマ運河の工事に技術者として従事しました。

1912年に帰国した後は，その経験を生かして荒川放水路建設の工事主任となるなどわが国の多くの治水工事に携わりました。また，1937年には土木技術者の信条（3項目）と実践要綱（11項目）を作成しました。これは，土木学会の倫理規定の基礎になっています。

1.2.3　日本の大プロジェクト

わが国にも世界に誇れるシビルエンジニアリングの成果が多くあります。その1つは**1.2.2**項〔**1**〕に述べました「関西国際空港」です。ここでは，古代構造物として「仁徳天皇陵」，水路部門として「琵琶湖疏水」，ダム部門として「黒部ダム」，鉄道部門として「新幹線」，トンネル部門として「青函トンネル」，道路・長大橋部門として「本州四国連絡橋」を取り上げます。

〔**1**〕**仁徳天皇陵**[13),14)]　仁徳天皇陵は，大阪府堺市にある百舌鳥古墳群の古墳の1つであり，日本で最大の規模を誇る前方後円墳です（**図 1.7**）。その周囲には倍塚と考えられる古墳が10基以上あります。出土した人物，水鳥，馬，家などの埴輪や須恵器の甕などの特徴から，築造年代はおよそ5世紀であると考えられています。墳丘は，全長約486 m，前方部の幅約305 m・高さ約33 m，後円部の直径約245 m・高さ約35 mの規模で，三段構造になっています。墳丘の面積は46 haで，外周長約2 700 mの三重の堀に囲まれています。

古墳の墳丘は基本的に土を盛り上げて構築され，特に，版築[15)]と言う技術

図 **1.7**　仁徳天皇陵
（堺市 提供）

によって造られています。版築とは，堅固な土壁を造るために用いられる伝統的な工法で，わが国では土塀，古墳の墳丘，大寺院建造物の基段などに用いられています。一般に，土に石灰，にがり，魚油などを配合して，それを型枠に詰めて体積が半分くらいになるまで叩いて締め固めます。1層は仕上がり厚さが50 mm程度で，丁寧に仕上げていきます。仁徳天皇陵を造るのには，毎日2 000人が働き，16年以上かかったと言われています。

〔**2**〕 **琵琶湖疎水**[16),17)]　琵琶湖の水を京都に運ぶために造られた水路が琵琶湖疎水です。明治維新と東京遷都に伴い，産業の衰退や人口の減少に陥った京都を活性化するために，第3代京都府知事北垣国道が計画し，主任技術者として田邉朔郎に設計させました。灌漑(かんがい)，上水道，水運とともに，わが国最初の水力発電が行われ，京都の近代化に大いに貢献しました。田邉朔郎は，1877年工部大学校（現，東京大学）に入学し，卒業論文で「琵琶湖疎水工事計画」を執筆しました。これが北垣国道に認められ，卒業と同時に弱冠22歳で琵琶湖疎水の工事主任となりました。

　建設は2期にわたって行われ，第1疎水は1885年に着工し，1890年に完成しました。1891年には蹴上発電所の運転が始まり，1895年にはその電力を用いて日本初の路面電車が走りました。第2疎水は1908年に着工，1912年に完成しました。第1，第2疎水とも滋賀県大津市に取水点があり，第1疎水は3つ

図 **1.8**　疎水の水路閣

のトンネルを経て京都・蹴上の浄水場と発電所に達しています（**口絵 4**）。第2疏水は水道水源としての利用に配慮して汚染を防ぐために，ほぼ全線がトンネル構造です。2つの疏水は蹴上で合流したあと，夷川発電所を経て鴨川左岸を南下して墨染ダム，伏見を通り宇治川に放流されています。蹴上から北へ向かう分水路も造られ，南禅寺境内を水路閣（**図 1.8**）でまたぎ，哲学の道・銀閣寺を経て松ヶ崎浄水場へと流れています。

〔3〕 **黒 部 ダ ム**[18]　黒部ダムは関西電力によって建設された発電用のアーチ式コンクリートダムです。第二次世界大戦後の経済復興が始まるころ，エネルギー資源としての電力供給を大幅に増大させる必要がありました。わが国の国土の特徴から，豊富な水資源を利用する水力発電が各地で開発され，その最も象徴的なものが黒部ダムでした。

このダムが建設された地点は富山県立山町の黒部川水系であり，豊富な水量から水力発電所の適地として，大正時代からいくつかのダムが建設されていました。1950年代後半から始まったわが国の高度成長期には電力需要が逼迫し，関西電力では1956年に黒部ダム建設事業を立ち上げました。ダムの高さは186mで，アーチダムとしては日本一です（**図 1.9**）。総貯水量約2億t，湛水面積349 haの黒部湖は日本ダム百選にも選ばれています。

図 1.9　黒部ダム（関西電力(株)提供）

黒部ダムの建設地点は，立山連峰の秘境のさらに奥地にあり，建設資材や作業員を運び込むのに，徒歩や馬，ヘリコプタで長距離を輸送しなければなりませんでした。そのため，ダム建設地点までの輸送路の確保として，大町トンネルを掘ることになりました。このトンネル建設も大変な工事で，破砕帯からの大量の出水に悩まされ，多数の死者の出る難工事でした。水抜きトンネルやグラウト（薬品やセメントで地山を固める方法）で掘り進めました。このトンネルの貫通により，安全な資材輸送と工期の短縮が図られ，ダム建設は1963年に完成しました。

　この様子は，映画「黒部の太陽」[19]として紹介され，破砕帯からの出水シーンなど迫力ある映像で当時の話題となり，多くの若者が建設関連の仕事に就きたいと思うきっかけともなりました。また，これより前に建設された黒部第3ダムの地下導水路建設では，温泉地帯を通るため高温の地山を掘り進める難工事でした。この様子は「高熱隧道」[20]という小説にまとめられ，壮絶な建設現場の様子がドキュメンタリータッチで記述されています。

〔4〕　新　幹　線[21]　　わが国の鉄道は，1872年に新橋・横浜間が開通したのが始まりです。明治政府の方針もあり，わずか30年ほどで全国に鉄路が伸びました。しかし，経費をできるだけ少なくするために，線路幅は狭軌（1.067 m）を採用しましたので，高速運転には不向きでした。最高速度は1910年代から1950年代まで100 km/h以下でした。鉄道の先進国であるヨーロッパ各国では標準軌（1.435 m）が使われ，1930年代に120 km/h運転が普通でした。

　1930年代のわが国は，満州事変・日中戦争そして太平洋戦争へ戦時体制を拡大していった時代であり，鉄道の輸送力増強の必要性から1939年に「弾丸列車計画」が作られました。これは，東京から下関まで標準軌の新線を建設し，最高速度200 km/hの列車を走らせる計画でした。1940年には建設工事が始められ，日本坂トンネルなどの工事やかなりの用地買収が行われましたが，戦争が激しくなり敗戦とともに工事は中断しました。

　戦後，1955年に国鉄総裁になった十河信二は，弾丸列車計画を推進してき

た中心的技術者である島秀雄を国鉄の技師長に就任させ，新幹線計画を進めることにしました。高速鉄道のための新技術として，機関車が牽引する「動力集中方式」から各車両に動力を持たせる「動力分散方式」への移行，電磁直通ブレーキ機構・電車形式の各種改良・交流電化方式の採用などがつぎつぎと取り入れられました。新幹線の建設は 1959 年に始まり，1964 年 10 月 1 日東京オリンピックの開催（同年 10 月 10 日）に合わせて東海道新幹線が開業し，続いて 1975 年には山陽新幹線が誕生しました。そして，東北新幹線と上越新幹線が 1991 年までに開業しています。東海道新幹線開業当初の営業速度は 200 km/h でしたが，2007 年現在では 300 km/h となっています。

1970 年に公布された全国新幹線整備法（延長 7 200 km）に基づいて整備計画が策定された 5 路線は，国鉄改革などの影響を受け一時期凍結されていましたが，1987 年から逐次建設されてきています。その後，国鉄の民営化，騒音・振動による公害問題，阪神淡路大震災での 80 日間の不通，新潟中部地震での脱線事故などの試練を受けながら，全国に約 2 176 km（2005 年現在）の新幹線路線を伸ばして，わが国の経済発展の一翼を担うとともに，快適な国民生活の礎になっています。このうちには，従来の規格（フル規格）以外に，ミニ新幹線方式（在来線に 3 つ目のレールを追加し，線路幅を標準軌にして，在来線と同じ横幅の車両を走らせる方式）やスーパー特急方式（トンネルや路盤の規格は新幹線規格で建設し，そこに狭軌のレールを敷設し，在来線サイズの車両を走らせる方式）が採用されています[22]。最近は，台湾や中国など外国へ新幹線の技術を輸出するまでになってきています。

〔5〕 **青函トンネル**[23] 　本州と北海道の間の交通は，青森駅と函館駅を結んだ青函連絡船によるものが中心でした。1954 年 9 月 26 日，台風接近中に出港し暴風雨のため函館沖で遭難し，死者・行方不明者が 1 175 名にもなった洞爺丸事故を契機に，「青函トンネル」が具体化しました。このトンネルの構想は第二次世界大戦以前からのもので，当初は在来線規格で設計されていましたが，整備新幹線計画に合わせて新幹線規格に変更され，1961 年に掘削が開始されました。

水深最大 140 m の海底面からさらに約 100 m 下の地盤中にトンネルを掘削しますので，つねに切羽（トンネルの掘削最前面の地盤）からの海水の浸入の危険があります．それに対処するには，本坑を掘削する前に，本坑より断面の小さい先進導坑というトンネルを掘ります．青函トンネルでは，本州側，北海道側の 2 箇所から斜坑（勾配 14 度）を掘り，その先端から先進導坑を海底部へと掘り進めました．先進導坑は名前のとおり最も先行して掘り進められるトンネルで，海底の地質や水の出方を調査し，本坑の施工方法の検討や技術開発のためのデータを収集します．先進導坑が地盤の弱い部分に達したときに出水を起こす危険があり，青函トンネルの場合は大きな出水を 2 度経験し，トンネ

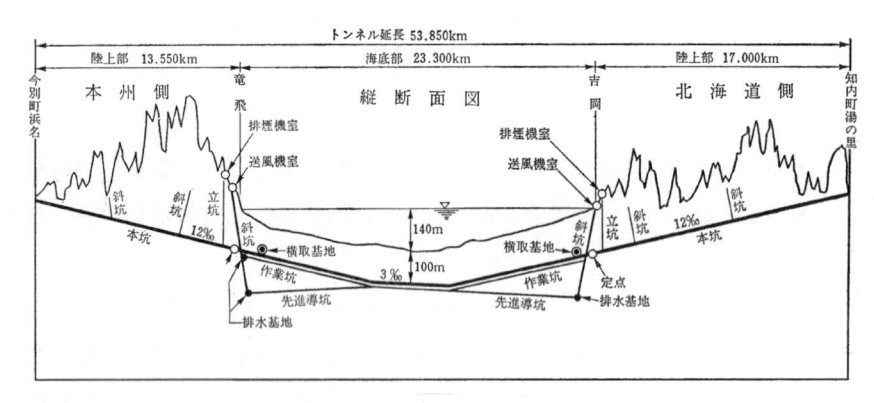

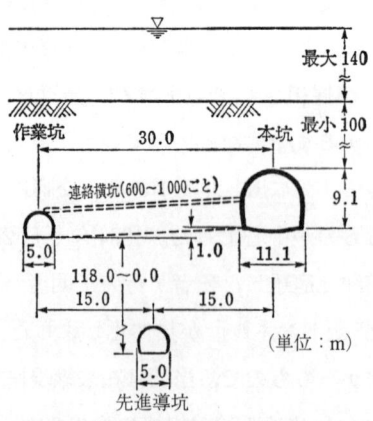

図 **1.10** 青函トンネルの掘削坑

ル施工を断念する寸前までになったこともありました。そのたびに地盤に多量のグラウト（〔**3**〕黒部ダム参照）を行い，工事再開にこぎつけました。注入したグラウトの量は約85万 m^3 にもなります。

青函トンネルの本坑は，本州側・北海道側の立坑から掘り進めました。その全長は53.85 km（世界第2位），高さは7.85 m，幅は9.7 m あり，3階建てのビルが入る大きさです。このトンネルでは，本坑以外に作業坑というトンネルも掘られています。これは，本坑の横約30 m の位置に本坑と平行して掘られており，つねに本坑より先回りして約600 m おきに連絡誘導路を造り，切羽の数を多くして作業を早めるためのものです（図**1.10**）。

このように，本坑以外に作業坑，先進導坑，斜坑，立坑と種々のトンネルが掘られており，施工の安全性と工期の短縮に役割を担っていました。現在，作業坑は保守のための通路，先進導坑・斜坑・立坑は，排水と換気に使われ，斜坑には保守作業の出入りや資材運搬のためのケーブルカーが設置されています。この斜坑と本坑が交わる位置には，青函トンネル内の安全施設として，列車火災などに対処するために，消防用設備や脱出路を設けた定点施設を2箇所設置し，見学者専用の駅としても機能させています。

〔**6**〕 **本州四国連絡橋**[24),25),26)]　　本州と四国を結ぶ連絡橋の建設を最初に訴えたのは，1889年の讃岐鉄道開通式での香川県議会議員大久保諶之丞と言われています。昭和に入ってからは，神戸市長原口忠次郎が明石海峡架橋構想を発表し，意欲的な活動をしていました。1955年5月11日国鉄の宇高連絡船（宇野－高松間）紫雲丸が海難事故を起こし，修学旅行中の小学生など死者が168名という悲惨な事故となりました。その前年に，〔**3**〕で述べた洞爺丸事故もあり，国鉄の安全性への対応が問われました。洞爺丸事故で青函トンネル構想が進んだと同様，紫雲丸事故は瀬戸大橋の架橋を推進するものでした。

1959年には国鉄や建設省が中心となり，5つのルートが調査されました。1970年には本州四国連絡橋公団が設立され，1973年には3ルート（児島・坂出，明石・鳴門，尾道・今治）の起工式をする計画が決まりました。しかし，その年に起こったオイルショックの影響で，すべてのルートの着工が延期さ

れ，その後徐々に建設することになりました。児島・坂出ルートは瀬戸大橋として道路・鉄道併用橋が1978年に着工，1988年に開通しました。他のルートは単独橋として建設が進み，明石・鳴門ルートは1998年に，尾道・今治ルート（瀬戸内しまなみ海道）は1999年に開通しました。3ルート合わせて19橋が架けられており，そのうち吊橋が10橋，斜張橋が6橋，トラス橋・アーチ橋・高架橋が各1橋です。この内，世界最大の吊橋である明石海峡大橋の概要を述べます。

明石海峡大橋は神戸市舞子と淡路島の間の明石海峡に架けられた橋長3 911 m，中央支間長1 991 mの吊橋です（**口絵 5**）。1986年に工事が始まり，1998年に完成しました。吊橋はふつう両岸にケーブルを固定するアンカレイジを設け，そこから引き出されるケーブルを海中に設置した2つの主塔に架けます。このケーブルから垂らされるハンガーロープが橋桁を吊り上げるのです。

明石海峡大橋のケーブル（図 *1.11*）は，直径5.23 mmの亜鉛めっき鋼線を素線として，127本集めて1つのストランドを作り，290本のストランドを集めて1本のケーブルが作られています。したがって，1本のケーブルには36 830本の素線が入っており，直径1.122 mあります。主塔は，高さ297.2 m，柱の断面寸法16.5 m×8.3 m＝137 m^2，重さ25万MNの巨大なもので，2本のケーブルと橋桁の荷重（自重あるいは死荷重と言います）約100万MN

図 *1.11* 明石海峡大橋のケーブルの実物大模型

を支えています。自動車の荷重を活荷重と言いますが，明石架橋大橋の場合約30万MNですから，大部分は死荷重を支えることになります。主塔の基礎は直径80m，高さ70m（海中60m・海上10m）の巨大な鋼製ケーソンで，その中に海中でも固まるように開発された特殊なコンクリートが詰められました。アンカレイジはケーブルを固定する錘の役割をするもので，重さ1 200万MNの巨大なコンクリートの塊です。

吊橋の安全性を考えるとき，特に風と地震に対する備えが必要です。明石海峡大橋では80m/sの風とマグニチュード8.5の地震にも耐えられるように設計されています。この橋の建設中にマグニチュード7.2の兵庫県南部地震が起こりました。しかも，震源地は橋のすぐ近くでしたので，淡路側の主塔基礎が地盤ごと1.1mほどずれました。橋長，中央支間がともに予定より1m伸びただけで，大きな被害もなく工事を続けることができました。

1.3 シビルエンジニアリングの特徴と使命

〔1〕 公 共 性　シビルエンジニアリングの始まりは，軍事工学に関連していたことを，1.1節で述べました。軍事目的であれば，それは時の為政者の命令すなわち強制的な権力の行使でしたが，造られた施設は市民にも開放されることが多く，公共的なものでした。今日のシビルエンジニアリングは市民のための社会基盤の整備を目的とするものですから，公の税金を使って行われることがふつうです。したがって，工事の発注者は官庁（国や県・市町村などの地方公共団体）であることが多く，造られた施設は公の財産であることが特徴です。このような工事を「公共工事」と言い，シビルエンジニアリングの仕事の中核をなしています。これは，社会基盤への投資がただちに金銭的な利益を生まない場合が多いからです。

このような公共性のためには，まず社会や市民からの要求に基づき，社会基盤の整備・維持計画が官庁から提案され，市民の合意のもとに設計・施工・維持管理が行わなければなりません。市民としてはいろいろな立場の方がいます

から，その合意形成には官庁の技術者の能力と市民の協力が必要です。

〔2〕 **オーダーメイド**　シビルエンジニアリングが扱う社会基盤施設は，ほとんどが単品生産のオーダーメイドです。しかも工事は長期的で大規模なものがほとんどです。工場での電化製品や自動車の生産活動が，同一製品を短期間に大量に生産するのと比較しても対照的です。そして，多くの場合やり直しができません。一度建設した青函トンネルや明石海峡大橋を，計画や設計がまずかったのでもう一度建設し直させて下さいというわけにはいきません。逆に言うと，工場製品のような既製品はないのですから，その地域，社会環境，民意に合った個性的・独創的な社会基盤を造りだすことができます。ここにも，技術者と市民の合意，協力が必要となります。

〔3〕 **総合工学**　シビルエンジニアリングは人類の文明とともに始まり，世界的・社会的視野と科学・文化全般を基礎として発展してきました。このように長い歴史の中で支えられてきたシビルエンジニアリングは，古い伝統と先端的な技術開発により市民生活に貢献しています。さらに，海洋開発や地下空間利用あるいは宇宙空間へと応用の場は広がっていくでしょう。新しい情報通信技術や生物工学の応用技術を適用し，自然現象や社会事象まで考慮しなければなりません。人々の豊かで文化的な社会生活の基盤を造り，安全で安心できる生活環境を持続するためのシビルエンジニアリングは，まさに総合工学であり，その対象は自然と社会を包含した総合システムであると言えます。

〔4〕 **自然との調和・環境問題**　シビルエンジニアリングは，人間生活の舞台となるあらゆる社会基盤にかかわり，人と自然の調和を図り，自然を尊び，理解し，克服し，人間と自然が共生しうる豊かな文明社会を作ることを目的としています。そして，人間が人間らしく生きるための環境を創造する役割を担っています。

しかし，わが国が第二次世界大戦において壊滅した国土から急速に復興し，経済的に大幅に成長した時期には，社会基盤を整備することに重点が置かれたため，各種産業による公害問題とともに建設工事の自然破壊が社会問題となりました。1972年のストックホルムでの国連人間環境会議では地球規模の環境

問題が初めて議論され，1992年のリオデジャネイロでの国連環境会議では「環境と開発に関するリオ宣言」が出され，持続可能な社会の構築に向けての全世界的な行動が求められました．わが国では，1967年には公害対策基本法が制定され，1971年に発足した環境庁が環境問題への対応の中心となり，自然保護にも力を注いできました．1993年には環境の保全について基本理念を定めた「環境基本法」が制定され，各種環境基準の改訂・制定などによる快適な環境の創出と自然環境の保全，国際協力による野生生物の保護が図られてきました．

21世紀は地球規模から地域社会規模まで各種の環境問題を解決するために，多くの技術を結集せねばなりません．シビルエンジニアリングの分野でも，多自然型川づくり工法による河川改修，道路緑化を中心とした緑陰道路プロジェクト，舗装構造改良による温暖化防止対策，橋梁やトンネル坑口の景観設計，埋め立て護岸の緩傾斜化による藻場の創出など，自然と環境に配慮し，良好な自然を創生する視点で取組みがなされています．

〔5〕 **防災と減災**　わが国は世界でも有数の地震国です．有史以来多くの地震に見舞われ，それに対処する方策がなされてきました．また，毎年のように台風や梅雨末期の集中豪雨により河川の氾濫や土砂災害が繰り返されています．火山の噴火による溶岩流，火砕流，火山灰などによる被害も深刻です．このような災害から市民生活を守るためのハード，ソフト両面の取り組みが環境問題とともに，21世紀の重大なテーマです．従来は，ハード面の取り組みとして，例えば構造物の耐震性の確保，河川堤防や海岸の護岸の補強，斜面の補強など，防災の立場が主流でした．21世紀になってからは，災害が起こることを防ぐだけでなく，災害に伴う物心両面の被害を小さくする減災という意識が強くなり，地震や豪雨の予報とその伝達方策，非難場所の確保とともにその環境の改善，被災者の心身両面の健康管理などにもシビルエンジニアリングの果たす役割が多くなってきています．

〔6〕 **入札制度と品質**　物品の調達や工事の請負などにおいて，発注者が受注者を選ぶ際，複数の契約希望者から金額などを文書で表示させ，最も有利

な内容を提示した者と契約することを「入札」と言い，わが国では江戸時代以前よりこの方法が行われていました。特に，シビルエンジニアリングの対象である公共工事では，入札に参加する者を工事の受注能力など一定の基準で選ぶ指名競争入札が行われていました。この場合，入札に参加する者が話し合って受注予定者を決めてしまう「談合」が行われますと，入札本来の目的である価格競争が行われず，契約価格が割高になることもありました。また，品質などの競争があれば締め出されるはずの質の悪い者が生き残ることにもつながっていました。

談合を取り締まるために，1902 年には会計法を改正して刑罰を強めたり，1947 年には独占禁止法を制定して取り締まりを強化しましたが，実効はあがりませんでした。1990 年代になり，日米構造協議での米国政府からの外圧により談合が問題化され，2000 年以降は公正取引委員会や検察庁により談合の摘発が進みました[27]。2003 年に官製談合防止法が施行されたのをはじめ，指名競争から一般競争への変更，電子入札の採用，価格競争だけでなく工事方法などの提案を重視する技術提案型入札など，入札制度の改正が行われました。

1980 年代後半から 1990 年代初頭までわが国はバブル景気という好景気が続きましたが，1993 年ごろに崩壊しました。いわゆるバブル崩壊とともに景気は低迷し，1998 年ごろから公共工事の削減が始まり，一般競争入札の導入と相まって入札価格が極端に低いレベルになってきました。このような低入札は，当然労働環境の劣化や成果物の品質低下をもたらします。2005 年には「公共工事の品質確保の促進に関する法律（品確法）」が施行され，価格と品質に優れた公共工事の契約を基本とし，入札者の技術的能力を審査し，民間の技術提案の活用を発注者に求めています。品確法の基本理念はつぎの 3 つです。

① 経済性に配慮しつつ価格および品質が総合的に優れた内容の契約
② 公共工事の品質は適切な技術または工夫により確保
③ 調査および設計の品質確保

1.4 技術者の条件

シビルエンジニアリングに従事する技術者は，1.3節で述べた特徴を持つシビルエンジニアリングの使命を遂行するために，つぎのような資質を要求されます．

〔1〕 発想力・創造力　広辞苑によると，技術者とは「技術を職業とする人」であり，その技術とは「科学を実地に応用して自然の事物を改変・加工し，人間生活に利用するわざ」と記述されています．特に，総合工学であるシビルエンジニアリングに携わる技術者には，幅広い知識とそれらを組み立てて総合するために，鋭い発想力と創造力が求められます．例えば，1.2節〔6〕で説明した「技術提案型入札」に対応するためには，豊富な知識に基づく創造力を駆使して他と差別化できるほど優れた提案を作り出すことが，民間技術者に要求されます．一方，官庁の技術者にはこの提案を理解・評価できる能力が期待されます．

これらの能力を養成するには，専門的な知識を身につけることはもちろんのこと，何事にも興味を持ち，つねに情報を取り入れる姿勢と多くの経験が必要でしょう．具体的には，世の中の動きを各種の報道などから取捨選択し，的確な判断ができるよう，少なくとも新聞には毎日目を通すことを習慣として下さい．また，インターネットなどにより，諸外国が日本をどのように見ているかを確かめてみることも大切です．もし若いうちに海外で1か月以上の生活を体験できれば，海外から日本という国を見つめ直す良い機会となります．

〔2〕 プレゼンテーション能力　公共性の高いシビルエンジニアリングでは，その成果が社会と市民の要求を満足させるものでなければなりません．そのためには，いろいろな立場の市民の合意に向けて，官庁の技術者には的確な説明力が要求されます．一方，官庁から発注される公共工事を経済的に高品質に完成させるために，受注側の技術者には〔1〕の発想力・創造力とともに説得力が必要です．これらはプレゼンテーション能力と言われます．

プレゼンテーションの方法は，記述説明と口頭説明に分けられます。どちらの方法でも，図表やスケッチなどの映像を適切に使うことが重要です。特に，シビルエンジニアリングの専門用語を200字〜400字くらいで，専門知識のない一般市民にわかるように説明できるように訓練したいものです。

記述説明では，学生時代に作成する数々のレポートを通じて，図表の作り方，既存情報の検索および参照の方法，文章力，論旨の進め方などを意識して学んで下さい。良いレポート，教科書などの文献の良い文章をまねることから始めるとよいでしょう。

一方，口頭説明の訓練の場として，最近は学校でも社会でも各種の発表の機会が多いはずです。説明用のレジメや映像については，その配色，構成などの見やすさとともに適切な量を準備せねばなりません。特に説得力のある話術を身につけるには，場数を踏むことが一番です。ここでも，優れた実例をまねすることから始めるのがよいでしょう。最も身近には，学校の授業の中で最もわかりやすい先生をお手本にしてはどうでしょうか。

〔3〕 **倫理と人間性**　技術者の倫理を問われる事例が特に2000年以降多く発生しています。賞味期限の切れた牛乳や肉を使って製品を作ったり，自動車や遊具の部品の検査をしないまま長時間使用して事故を起こしたり，自分で開発していない物質を開発したことにして多額の研究費を受けていたりしたことなど，枚挙の暇がないほどです。シビルエンジニアリングの分野でも，セメントコンクリートの施工性を高めるために設計以上の水を混合して強度の不足するコンクリートを作ったり，他人の行った試験・調査・研究結果を自分の報告書や論文として発表したりしたことが明るみになっています。極めつけは，2005年に発覚したマンションやホテルの耐震強度偽装事件です。

このような倫理問題は，技術者としての問題ではなく人間としての倫理観の欠如に原因があることが多いのです。その中でも技術者として倫理的な間違いを起こさないためにつぎのような心掛けが必要です。

① 　常識的な測定値の知識　　水の密度が$1\,g/cm^3$であることは，普通の教育を受けた技術者は知っているはずです。これと同じように，コンクリ

ートや鉄や土の密度と強さのおおよその値，マグニチュードが1大きくなると地震のエネルギーは32倍大きくなることなど，シビルエンジニアリングの常識的な知識と数値を知っておくことが重要です。これらの常識を増やすには，専門科目の勉強とともに実験や実習などの実技が大切です。

② データの精度と信頼性の知識　設計や施工に用いる各種のデータは調査・試験で求めることが多いのですが，調査や試験の結果にはばらつき（誤差）が必ず付いています。これらのデータの信頼性の程度を知ったうえで，構造物の設計や施工をして下さい。データの科学的な処理方法についても勉強しておく必要があります。

③ 予測と実測の違いとその対処　調査・試験・研究の実測値や成果が予想どおりであることはまれで，実測値が予想値と大幅に違うことがよくあります。その場合，調査・試験・研究の手法が正しかったか，データの解析・整理方法に問題はなかったかなどを確かめ，再調査も行い，そのうえで実測値が予想値と違う場合は，素直に実測値を認めることが必要です。設計どおりに施工して不具合が出た場合も同様でしょう。現場に真実があることを前提において下さい。

〔4〕 **資格の取得**　技術者として活躍するためには，いろいろな資格を持つほうが有利になります。以下にシビルエンジニアリング関連のおもな資格を説明します。それぞれの資格には取得するための条件が決められていますので，詳しくは関連資料を参照して下さい。

① 技術士　技術者の資格の中で最高峰に位置するものです。特に，シビルエンジニアリングに従事する技術者にとっては，この資格を持つことが一人前の技術者の証となっています。設計や施工の実務をするには，この資格を持っていないと従事できないものが多くあります。そのため，わが国の技術士約4万人の中でシビルエンジニアリング関係の技術者が半数近くを占めています。技術士の資格試験は1次試験と2次試験に分かれており，日本技術者教育認定機構（JABEE）の認定を受けている教育機関の卒業生は，1次試験が免除されています。

② 技術検定による資格　建設業法27条に基づく資格として，土木施工管理技士，建築施工管理技士，管工事施工管理技士，建設機械施工管理技士，造園施工管理技士，電気工事施工管理技士の6つがあります。それぞれの工事の施工に従事するのに必要な資格です。特に，シビルエンジニアリングに従事する技術者には，土木施工管理技士が必須です。

③ 土木学会認定の資格　土木学会では，倫理観と専門的能力を有する土木技術者を評価し，これを社会に対し責任を持って明示することを目的に，2001年度に「土木学会認定技術者資格制度」を創設しました。特別上級・上級・1級・2級の4段階の技術者です。

④ その他　測量士，コンクリート技士，RCCM（シビルコンサルティング・マネージャ），地質調査技士，土地家屋調査士，不動産鑑定士など，関連の資格はたくさんあります。

⑤ 企業などの組織で取得する資格　企業などが製品の品質を保証するための品質マネージメントシステムとしてのISO 9001と企業などの環境面での取り組みを認証するISO 14000は，多くの企業などが認証を受けています。2004年にJIS（日本工業規格）が改定され，JISに制定されている試験を実施できる機関としてはISO 17025に基づき認定される試験所に限られることになりました。シビルエンジニアリング関係ではコンクリート製品を扱う機関で先行していますが，他の分野では認定が遅れています。教育機関では，日本技術者教育認定機構（JABEE）の認定が進んでおり，多くの大学・高専が認定されています。

1.5 シビルエンジニアリングの学習内容

シビルエンジニアリングの学問が土木工学として体系化された初期には，構造力学・水理学・土質力学の3力学と土木材料学の4つが中心でした。これを基礎として応用的な科目が設定されていました。その後，土木計画，衛生工学（環境工学）が確立されてきました。土木学会が年に一度開催する学術講演会

の分野区分もおおよそこの順番になっています。以下には，シビルエンジニアリングの授業科目のおもなものを紹介します。

〔**1**〕 **構造系の科目**　橋梁はシビルエンジニアリングの花形構造物であり，桁橋，アーチ橋，吊橋，斜張橋など多くの形式があります。このように橋梁をはじめ建物や塔などコンクリートや鉄骨で組み上げられる構造の力学的な挙動を勉強するのが，構造系の科目で，その中心は構造力学です。関連科目として，構造実験，コンクリート構造学，鋼構造学，橋工学，耐震工学，弾性学などがあります。

〔**2**〕 **水理系の科目**　洪水や高潮，津波からわれわれの生活空間を守るために，河川堤防や防潮堤などが造られています。川や海の水は，このような河川構造物や海岸構造物に影響を与えますので，水の流れや圧力の法則を理解することにより，これらの構造物の設計，施工，維持管理を正しく実行できることになります。また，水辺は水生生物の生活の場でもあり，自然環境の大切な資源です。水理系の科目の中心は水理学であり，これを基礎にして水理実験，水文学，河川工学，海岸工学，港湾工学，ダム工学などの応用科目を勉強します。

〔**3**〕 **土質・地盤系の科目**　シビルエンジニアリングの主要な対象である道路や橋や街づくりなどの社会基盤施設は，大抵が地盤の上あるいは地盤中に造られます。また，人工島や石垣などのように，地盤を構成している土や岩を用いてできている施設もあります。さらに，地震は地盤を通じて伝播しますし，災害の多くは地盤の災害です。最近は土壌汚染に伴う環境問題も多く発生しています。構造物の基礎としての地盤や構造材料としての土の性質を知ることは，シビルエンジニアリングにとって重要なことです。構造物の設計や施工において失敗した原因の多くは，土や地盤の強さ，変形性などの性質を間違ったことによります。地球表面を覆っている地盤は千差万別であり，その性質を的確に把握することは難しいのですが，しっかりとした基礎知識を持ち，多くの経験を積み上げることが大切です。土質・地盤系の科目は，土質力学，土質工学，地盤工学などが基本であり，土質実験，土質工学演習などの実技科目と

施工学，道路工学，基礎工学，トンネル工学，防災工学，地盤環境工学などが関連科目です。

〔4〕 **材料系の科目**　シビルエンジニアリングのおもな材料は，コンクリートと鉄です。特にセメントコンクリートは，その中心になっています。その他の材料としては，木材，石材，アスファルト，繊維，合成樹脂などがあります。主要科目は土木材料学で，応用科目として材料実験，舗装工学，コンクリート工学があります。

〔5〕 **計画系の科目**　どこにどのような社会基盤施設を必要とするのか，ある社会基盤施設を造ると周辺にどのような影響が現われるのか，その影響を最大に効率良くするには他の施設とどのように関連づけると良いのかなど，社会の将来の最適な姿を創造することは，シビルエンジニアリングにとって重要なことです。その中心になる科目は計画学であり，都市計画，地域計画，国土計画，交通計画，土木史などの応用科目があります。

〔6〕 **環境系の科目**　環境問題が今ほど重要視されていない時期には，衛生工学という名前の分野がありました。そこでは上水道と下水道を中心にして，大気汚染，悪臭，騒音などの公害に結びつく環境問題を取り扱ってきました。20世紀末ごろから地球温暖化，水質汚濁，大気汚染，土壌汚染などが問題となり，環境工学が体系化され，この分野の中心となっています。関連科目としては，環境衛生工学，環境保全工学，環境計画学などがあります。

〔7〕 **その他の科目**　測量学はシビルエンジニアリングの計測を取り扱う重要な科目です。距離や角度を測り位置を決定する基礎的な測量から，最近は人工衛星を利用したリモートセンシングやGPS測量を利用した測量技術が開発されており，学習する範囲は広がっています。

　情報処理はシビルエンジニアリングの多くの解析手段や結果の表示手段のツールとして欠かせない科目です。コンピュータやプログラムの開発は日進月歩であり，技術者としてつねに最新の技術を理解し利用するために，情報処理の基礎をしっかりと習得しておかねばなりません。

　また，微積分・代数などの数学，物理・化学・生物・地学などの理科系科目

を基礎として，工学系の学習に必要な応用数学，応用物理はシビルエンジニアリングにおいて，論理的な思考を正しく展開するために欠かせない科目です。

諸外国との情報の交換，グローバル化した社会の中でシビルエンジニアリングを学習し，技術者として活躍するためには外国語特に英語の能力が必要です。一般の英語科目で読み，書き，聞き，話せる能力を培うとともに，工業英語や専門科目の中で専門的な用語や言い回しを理解し，応用できるようになって下さい。

1.4 節〔*3*〕で説明しましたように，技術者としての倫理観を養うことが最近特に求められています。技術者倫理という科目を設定している大学・高専が増えており，社会系の科目である倫理とは違う展開で，実例を取り上げて技術者としての基本的な心構えを学習しています。

2

構造・橋への第一歩

2.1 橋とは

　谷や川などを渡る橋は，空間を結ぶシビルエンジニアリングの重要な構造物です。橋の歴史は文明の歴史とも言われ，第32代アメリカ合衆国の大統領ルーズベルトは，「橋の歴史の中に人類の進歩の重要な足跡を見出すことができる」と述べています[1]。これまで人類の歴史の中で様々な橋が造られてきました。それぞれの時代の橋にまつわる話や出来事にその時代を表すキーワードが隠されています。このように橋の文化史は人類の進歩の歴史とも言えます。

　現在では，橋は芸術・文化の題材，郵便切手にも登場，文化的遺産ともなり，風景の中のランドマークとしても印象づけられています。図 2.1 は阪神高速道路湾岸線（神戸市）の橋で，人工島の六甲アイランドから魚崎浜へ向かう部分です。このように橋は空間を結ぶ構造物としてなくてはならないものです。

図 2.1　空間を結ぶシビルエンジニアリングの重要な構造物

ここでは，橋の歴史，橋の役割，橋と生活などについて述べていきます。そして，橋の形式と構造では，橋の技術的な面，実際のそれぞれの橋について構造力学の基礎的な力学的原理についても触れてみます。

2.2 橋 の 歴 史

　橋の起こりは太古に遡ります。人類が定住するようになって生活範囲を拡大するために道ができましたが，その道の大きな自然の障害の1つは川でした。川が道の端になっていました。そのうちに小さな川には丸太を渡したり，深い谷には両岸に植物の蔓を渡して歩み板を吊ったりして川を渡る技術を習得するようになりました。文字を持っていなかった昔の人は，川や谷を渡るためのものを，道の端に架けられたことから"はし"と呼んでいました[2]。その後，朝鮮半島の百済から漢字が伝わり，隋や唐の中国の文化が日本に入るようになって"橋"という漢字が日本語の"はし"にあたることから，橋と呼ばれるようになりました。

　英語の橋 bridge の語源はギリシャ語で，もとの意味は梁とか丸太です。ドイツ語の Brucke（はし）は「湿原に丸太を敷き並べた道」が語源と言われています[3] から，木道が橋の原点であると言えます。日本書記には原始的な倒木による丸太橋が"御木のさ小橋"としてうたわれ，橋として利用されていたことが記されています。また，日本最古の歴史書"古事記"の冒頭に初めて「橋」という語が登場します。日本国誕生にまつわる伊耶奈岐，伊耶那美の二人の命が"天の浮橋"（高天原から地上に特別な神が降る場合にのみ現れると言われる）にお立ちになる一説があります。

　日本以外の古代の橋については，チグリス・ユーフラテス両川を中心とするメソポタミア地方において，BC 4000～3000 年ごろから「石造アーチ橋」があったと伝えられています。

　現存する最古の橋は，BC 850 年ごろトルコのメレーズ川に架けられた単連石桁の隊商橋（キャラバン橋）とされています[3]。これら東洋（オリエント）

の技術は，小アジア（トルコ）からイタリアの西部にいたエトルリア人を経てローマ人に伝わり，BC 300 年に始まる石造アーチ橋文化の開花につながるとされています。

この技術がシルクロードを通って古代の中国に渡り，良質の石材を産出する中国では安済橋をはじめ多くの石造アーチが造られました。この安済橋はローマの半円アーチとは異なり，かなり扁平な弓形アーチ橋です。この形式の橋をオープンスパンドレル式のアーチ橋と言います。安済橋は，この形式のアーチ橋としては世界最古の石橋と言われています（図 2.2 [4]）。このように，中国は古代から中世にかけてローマの次世代とも言える多様な石造文化を創出しました。

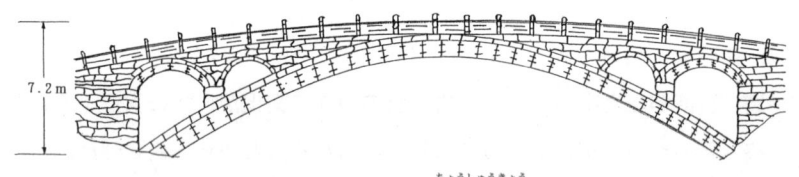

図 2.2 安済橋（趙州橋）

一方，ローマ帝国の領土であったポルトガルやスペインにおいて石造アーチ橋の技術が発達し，その技術がポルトガル人によって鉄砲とともにわが国に伝来して，長崎を中心として九州全域に石造アーチ橋が造られました[2]。また，沖縄には明（中国）から石造アーチ橋の技術が伝来しました。そのころ江戸幕府は治安対策上から江戸へ向かう街道筋には架橋を認めなかったため，石造アーチ橋は九州以遠でしか発達しませんでした。

文献上の日本最古の橋は，326 年ころ大阪に架けられた猪甘津の橋[3]というのが定説です。4 世紀末には仏教とともに大陸文化が伝来し，多くの渡来人が日本に移住して種々の技術を伝えたとされます。飛鳥時代には，宇治橋断碑（宇治橋の由来を記した石碑），宇治橋，山崎橋が，壬申の乱で有名な瀬田橋や，淀川に長柄橋などが架けられたと言われます。鎌倉時代の代表作として相模川橋などがあります。また，日本の木橋文化を代表する三奇橋として，猿

橋，錦帯橋，愛本橋があります。これらは橋脚を使わない珍しい構造形式の木橋です。

　18世紀の産業革命を経て19世紀になると，橋の材料が木や石でなく，近代橋梁の材料として鉄が用いられるようになりました。1779年，英国のセバーン川に世界初の鋳鉄アーチ橋アイアンブリッジが登場しました。その後，材料に信頼性の高い鋼(はがね)が使用できるようになり，1883年ニューヨークのイースト川に世界初の鋼索橋ブルックリン吊橋が架設されました。また，19世紀末を飾る鋼構造物の傑作，フォース橋（鉄道橋）が1890年に架設されました。

　日本の近代橋梁の幕開け[3]は明治時代に入って，1868年の長崎くろがね橋に始まり，横浜吉田橋，大阪高麗橋や大阪のアーチ第1号の新町橋などがあります。これらはすべて錬鉄桁を輸入架設したものです。

　その後，20世紀前半は長大橋の模索時代に入り，長支間への挑戦が続き，1931年ジョージワシントン橋で1 067 m，1937年ゴールデンゲート橋が1 280 mを達成しました。

　近代橋梁としては造形美と経済性を有する鉄筋コンクリート橋（RC橋）があります。フランスのフランソワ・エンヌビク（1842～1921年）は，RC橋の特許を得て，フランス，イタリア，スイスで100橋以上のRC橋を架設しました[3]。

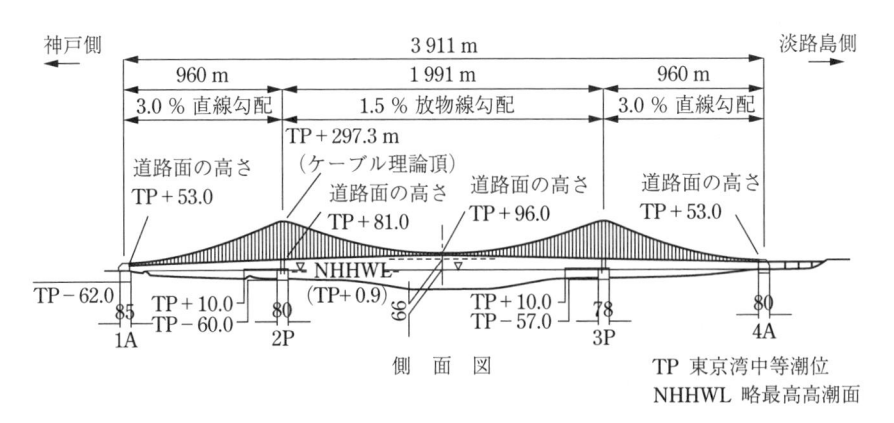

図 2.3　明石海峡大橋（本州四国連絡高速道路(株) 提供）

日本の長大橋の先駆けとなったのは，1955年の長崎県・西海橋で，支間長216mのアーチ橋です。1985年には中央支間876mの大鳴門橋（吊橋）が架設されました。近年では1998年に完成した明石海峡大橋（吊橋）は中央支間1991mで，世界一の長大橋です（図 2.3）。

2.3 橋の形式と構造

橋は，使用材料から木橋，石橋，鉄筋コンクリート橋，鋼橋などに分類できます。その他，用途面から道路橋，鉄道橋，水路橋，歩道橋などに，架設場所の面から河川橋，高架橋，跨線橋などに分類できます。また，橋の各種構造形式から分類しますと図 2.4[5]のようになります。図(a)〜(c)は桁橋，図(d)〜(g)はトラス橋，図(h)および図(i)はラーメン橋，図(j)および図(k)はアーチ橋，図(l)は斜張橋，図(m)は吊橋です。その他にゲルバー橋などもあります。ここではこれらの橋の構造形式とその力学的特性について見てみます。

〔**1**〕**桁　橋**　　人間が初めて架けた橋で，小さい川に丸太や板を架けて渡った橋は桁橋です。構造的には，はり構造で部材の長さ方向（橋軸方向）に荷重を受け，曲げによって抵抗する構造です。はりは工学的にガーダー（桁）と言われ，はりの支点間の水平距離をスパン（支間 または径間）と言います。

道路，鉄道橋としては，I形の断面の鋼製桁を用いることが多く，さらに箱桁断面の桁を用いると長い径間の橋とすることができます。図 2.5 は，桁橋の実例で，図(a)は鉄橋脚と鋼軌道桁の2方向にはりが用いられています。図(b)は単純箱桁であり，最もシンプルなはり形式です。

〔**2**〕**トラス橋**　　桁が長くなると，桁自身の重さ（自重）が増え，桁の高さ，厚さも大きくしなければなりませんが，大きな桁は力が有効に働きません。そこで，桁橋の無駄な部分を取り去ったものがトラス構造です。トラスは

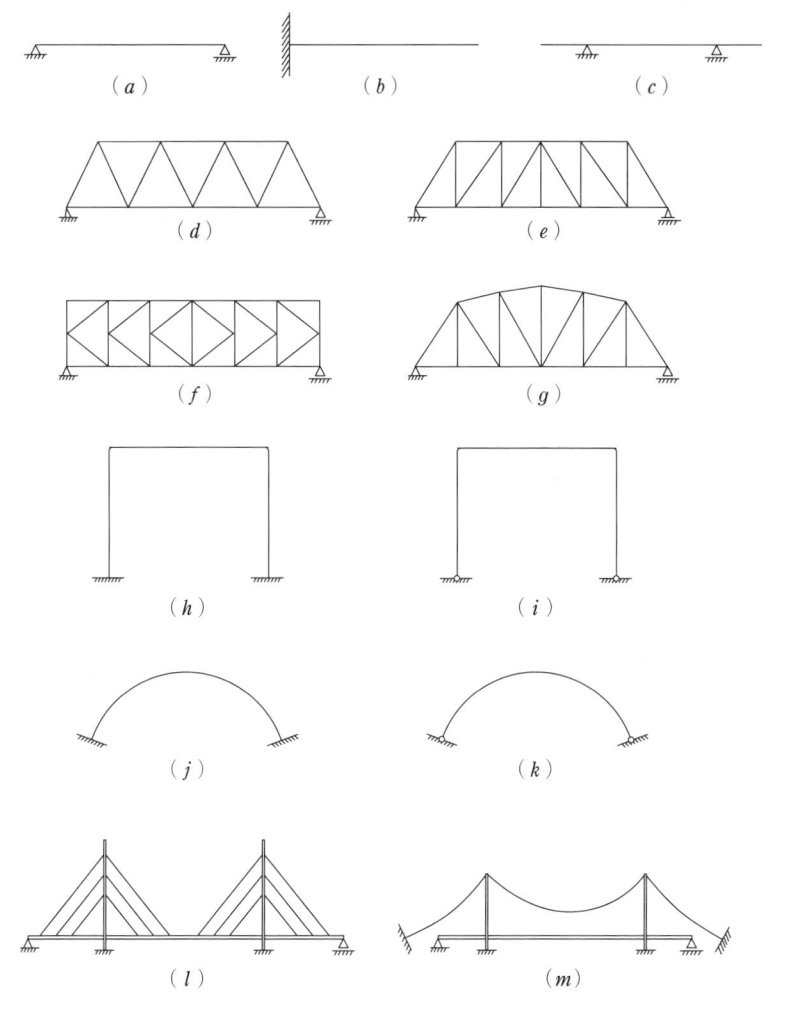

図 2.4 橋の各種構造形式

3本以上の直線部材を三角形状に連結して構成した構造です。トラスを構成する各部材は，引張力または圧縮力に抵抗します。また，部材と部材の結合はピンで接合されていると仮定します。図 2.6 (a) は河川を跨ぐ3径間連続下路トラス橋で，鉄道橋には多く用いられています。図（b）も鉄道橋ですが，単純上路トラス橋です。

(a) 沖縄モノレールの駅舎の箱桁　　　(b) 名古屋高速道路の箱桁

図2.5　桁橋の実例

(a) 神崎川橋（大阪府 JR西日本）　　(b) 菖蒲谷橋（橋本市 南海電鉄）

図2.6　トラス橋の実例

〔3〕 **ラーメン橋**　　ラーメン構造は，はりと柱で構成される構造です。複数本の直線部材をたがいに剛に結合した構造で，力学的には曲げや圧縮力に抵抗します。図2.7(a)はラーメン構造の橋脚で，その形から鋼π脚ラーメ

(a) ラーメン橋脚（神戸市）　　　　(b) 鹿向谷橋（大阪府太子町）

図2.7　ラーメン橋の実例

ンと言われています。一方，図（b）はV字脚を持つラーメン橋です。πラーメン橋の片側の脚をV字脚にすることにより，大きな橋長に適用できるようになります。

〔4〕 **アーチ橋**　アーチ構造は，曲線部材の両端を水平に移動しないように支持した構造です。力学的には，アーチは荷重を受けると部材軸に沿ってほぼ一様な圧縮力が生じます。**図 2.8**（a）はアーチの水平力を補剛桁の軸力で取らせたもので，ローゼ橋と言われます。この橋は吊り材にパイプを使用した下路式ローゼ橋です。図（b）はアーチの両端が支点を越えて延長されているもので，バランスドアーチと呼ばれています。

　　（a）　二の沢大橋（北海道）　　　　（b）　木津川橋（大阪市）

図 2.8　アーチ橋の実例

〔5〕 **ケーブル構造**　ケーブル構造は，綱，索と呼ばれる部材で構成さ

　（a）　斜張橋　　　　　　（b）　吊橋（明石海峡大橋　兵庫県）
（檀石島橋　香川県）

図 2.9　ケーブル構造の実例

れ，力学的には引張力に抵抗する構造です．**図 2.9**（a）の斜張橋は，ふつう2径間または3径間の連続桁を，中間の橋脚に置いた塔から斜めのケーブルで支持した構造です．図（b）の吊橋は，塔の間に張られたケーブルが生命線です．アーチとは逆の形をしていて，ケーブルに生じる力は引張力です．ケーブルは細いワイヤを束ねて作られており，このワイヤは普通の鋼材よりかなり高い強度を持っています．吊橋が群を抜いて長大支間に利用されるのはこれらの理由によります．

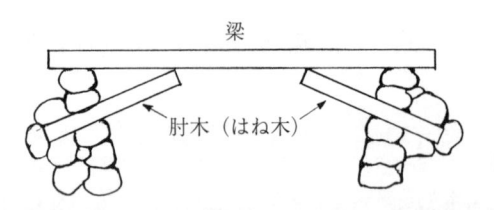

〔6〕 **カンチレバー構造**　カンチレバー構造は，**図 2.10**に示すような片持（突桁）梁からできています．川の両岸に埋め込んだ石で肘木（刎木とも言う）を支えて固定し，この上に梁を渡した構造です．この構造形式の橋はわが国でも古くから用いられ，山梨県の桂川に架かる"猿橋"はこのタイプの橋として有名です．また，このような橋は刎橋とも言われます．このカンチレバー構造を応用した初めての橋は，1867年ドイツのBambergの道路橋に架けられたマイン川橋です[3]．この形式の橋はカンチレバー橋と言いますが，考案者のHeinen Gerberの名を冠してゲルバー橋と呼ぶこともあります．カンチレバー構造を用いると，同じ太さの桁で単純桁を架けた場合より，その支間を2〜3割長くすることが可能となります．

図 2.10　カンチレバー構造

2.4　橋の役割

橋には，川を渡る，谷を渡る，湖を渡る，海を渡る，都市空間を渡るなどの役割があります．

2.4 橋の役割

〔1〕川と橋　　錦帯橋（図2.11）は，山口県岩国市の錦川に架橋された木造のアーチ橋です。日本三名橋や日本三大奇橋に数えられており，名勝に指定されています。錦川では，昔から大洪水のたびに橋を流され，第3代岩国藩主吉川広嘉[6]は洪水に耐えられる橋を造ることに苦慮していました。伝わるところによれば，ある日，火鉢の上のかき餅が焼けてそり返った姿を見て「そうだ，この形だ」と膝を打ち，橋脚をなくすことで流失を避けられるとのアイディアのもとに，さっそく細工人組頭に反り橋を架けるように命じたと言われています。反り橋は，今日で言うアーチ橋ですが，アーチ橋はすでに当時のわが国の庭園橋形式の1つであった雲帯橋と呼ばれる形に該当しています。

図2.11　錦帯橋

　錦帯橋の構造は，連続したアーチ橋という基本構想で，アーチ間の橋台を石垣で強固にすることにより，洪水に耐えられるというものです。5連のアーチ橋で構成されていて，流れの激しい川の中央部には3径間の木造アーチ，その両側にはおのおの6径間の桁よりなっています。1673年（延宝元年）に初めて架けられ，その後原形を忠実に再現しながら幾度も架け替えられて現在に至っています。

〔2〕谷と橋　　谷を渡る手段の1つは，途中に橋脚を必要としない吊橋です。四国三郎，吉野川の上流，祖谷川は霊峰剣山に源を発し，渓谷はきわめて深いため，指呼の間にありながら両岸の往来は困難を極めていました。

そこで，住民が工夫努力の末造りだしたのが，「しらくち蔓」で造ったかずら橋です[6]。弘法大師が祖谷に来たときに困っている村民のために架けたとか，あるいは平家が屋島の戦いに敗れて，落人がこの地に潜み，追手が迫ってもすぐ切り落とせるように葛を使って架設したとの伝説もあります。現在の西祖谷山村善徳のかずら橋は長さ 45 m，幅 2 m，谷からの高さ 14 m で日本三奇橋の1つであり，重要有形民俗文化財となっています（図 2.12）。

図 2.12　祖谷のかずら橋

〔3〕 **湖 と 橋**　自然の湖沼は川と比べ水深が深く，狭窄部が少ないため架橋の歴史は新しい。湖を渡る橋の代表例として琵琶湖大橋（図 2.13）があります。この橋は琵琶湖の幅が一番狭まったところを大津市の堅田（西）

図 2.13　琵琶湖大橋

2.4 橋の役割

から守山市（東）に向けて約 2 km を結ぶ橋です．滋賀県の湖東と湖西を連絡し県勢の均衡のとれた発展と琵琶湖観光の開発を図るため，琵琶湖の東と西を結ぶ"夢の架け橋"として 1964 年 9 月に開通しました．その後，交通量が増えたため，1980 年 3 月には自転車歩行者道の添架，1988 年 12 月には有料道路区間の延伸整備，また，1994 年 7 月には大橋の 4 車線拡幅が行われ，現在に至っています．湖上を行き交う船舶に支障がないようにするために，琵琶湖大橋の最も高い所は，湖面から 26.3 m あり，大阪城の天守閣より高い所にあります．また，大橋のなだらかな曲線が周囲の景観に美しく調和しています．

〔4〕 **海 と 橋** わが国は四方が海に囲まれていますので，変化に富む海岸線は狭い海峡を生み，架橋条件には事欠きません．瀬戸内海岸だけでも 500 近い橋が架設されています．わが国では海を渡る橋として本州四国連絡橋があります．1988 年 4 月に児島・坂出ルート（瀬戸大橋）が全面開通して，歴史上初めて本州と四国が事実上陸続きになりました．この年の 3 月には青函トンネルが開通しており，瀬戸大橋の開通をもって，日本列島の 4 つの島が鉄道で結ばれたことになりました．1998 年 4 月には明石海峡大橋が完成し，神戸・鳴門ルートが全面開通しました．さらに，1999 年 5 月に来島海峡大橋，多々羅大橋，新尾道大橋が完成し，尾道・今治ルート（瀬戸内しまなみ海道）が全面開通しました．これら全 3 ルートからなる本州四国連絡橋は，21 世紀の夢と言われたプロジェクトでした．

〔5〕 **都市空間と橋** 都市内を跨ぐ最も一般的な構造物は，鉄道，道路などの高架橋です．わが国の都市内高速道路網は，すでに 500 km 以上に達し，トンネルと高架橋が 8 割を占めています．高架橋は半地下式やトンネルよりも建設コストが安いため多用されてきました．高架橋は，帯のように都市に横たわって地域を分断するため，日照障害，騒音，振動，桁下空間の圧迫，景観などの諸問題に直面しやすい構造物です．また，至近距離で多くの人に見られ，橋の存在自体が疎まれる傾向があります．これまで桁下を道路や駐車場，商店などに利用して，空間の高度利用に貢献することにより，都市の構成要素の一員として存在感をアピールしてきました．さらに，構造美と周辺環境整備によ

って都市の快適な空間を提供する試みも行われています。首都高速4号新宿線「赤坂見附高架橋」(1964年開通)[7]は，軽快でリズム感を与える姿で周囲に調和させようと，橋脚上の橋梁を主桁内部に埋め込んでそれを独立した円形鋼橋脚で支持する形式を採用しました。当時としてはスレンダーですっきりとした構造は，日本の高架橋のデザインに大きな影響を与えました。

2.5 橋と生活

橋は，都市空間を彩り，都市の地域性や個性を演出する構造物です。ここでは都市の景観や人々の暮らしを意識した橋づくりを「なにわ八百八橋」と呼ばれた水の都，大阪の橋から見てみます。

〔1〕 **中之島界隈の橋**　　中之島界隈の橋（図2.14）は，美しく歴史あるパリのセーヌ川とシテ島になぞらえて，街づくりとともに橋の架設が行われました。中之島と堂島川・土佐堀川は，まさしくパリをモデルにした橋づくりがなされ，橋のタイプには橋梁内外から眺望を楽しめる上路式のタイプが採用されています。

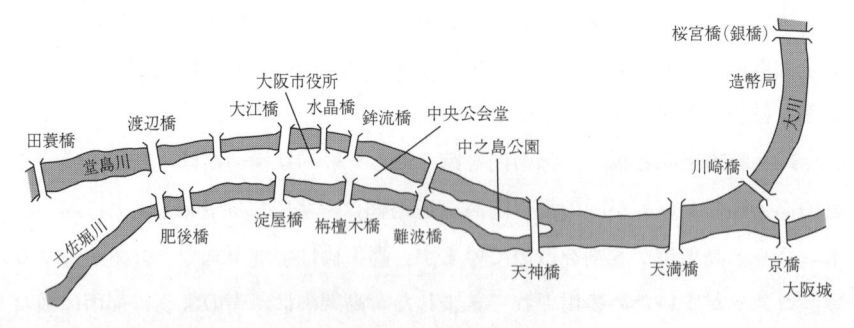

図2.14　中之島界隈の橋

〔2〕 **天満橋**　　天満橋（図2.15）は橋梁技術のデザインに優れた橋です。3径間のゲルバー式鋼桁橋で，この形式の中では大阪最大のものです。天満橋[8]はスパン比や桁高の変化，縦断曲線のつりあいが非常に良く，桁橋デザインの到達点を示すとも言われています。この橋は東京の隅田川に架かる

2.5 橋と生活　47

図2.15　天満橋

言問橋(ことといばし)と対比され，橋そのものが都市美の案内役をしています。

〔3〕**淀屋橋**　淀屋橋（図2.16）は，デザインの懸賞募集によって大変ユニークで優れた形式が採用され，それが周辺の雰囲気によく調和しています。大阪市で行った橋に関する意識調査によると，大阪市民が最も魅力を感じている橋ですし，また，最も多くの人に利用されている橋です。このように都市の地域性や大阪の橋として独自の顔を持ち，個性を演出しています。

図2.16　淀屋橋

〔4〕**難波橋**　大阪中之島公園を跨ぐ橋の1つで，親柱の上にはライオン像が飾られ華麗な照明灯が建てられるなど，市電事業で架けられた橋としては異例の豪華な橋です（図2.17）。この橋は都市の審美対象な造形物として，

図2.17 難波橋

橋自体の美観が考慮されています。

〔5〕 **中之島ガーデンブリッジ**　中之島ガーデンブリッジ（図2.18）は，橋面上の空間デザインに工夫を要する設計条件のもとに架けられ，人道橋でありながら20mの広幅員を持ち，橋上には彫刻と照明灯および若干の植枡以外のものを設置せず，広い空間を確保することによって人を集め，憩う場を提供しています。また，堂島地区から広域避難地に指定された中之島地区へ向かう避難路としての機能も果たしています。このように地域の核となって周辺環境を促進させている橋です。

図2.18 中之島ガーデンブリッジ

〔6〕 **菅原城北大橋**　3径間連続鋼斜張橋の菅原城北大橋（図2.19）は，大阪初の「有料道路方式」を採用して建設されました。この橋は淀川水系

図 2.19 菅原城北大橋

に生息する貴重な魚類や植物の生態系保護の観点から，それらに影響を与えない橋梁形式と施工法に配慮し，新しい時代の橋梁建設の範例となっています。自然や生態系の保護の観点からの橋づくりです。

〔7〕川 崎 橋　川崎橋（図 2.20）は，中之島から千里の万博記念公園までの 20 km を結ぶ大規模自転車道の一環を形成している橋です。中之島，大阪城公園を有機的に結びつけ，ランニングや史蹟巡りの散歩道となっています。公園橋としては利用価値の高い橋です。また，吹田市との市界（神崎川）に防災ルートの役割を兼ねて架けられた緑風橋などもあります。これらの橋は，都市空間をより快適にし，都市の中にうるおいや都市機能をもたらす役割を果たしています。

図 2.20 川 崎 橋

50   2．構造・橋への第一歩

〔8〕 栴檀木橋（せんだんのきばし）　栴檀木橋（図 2.21）は，中之島公園をはさんで架かる橋で，橋詰めにある中央公会堂と調和することが条件とされています。歩道舗装のデザインは公会堂の壁面に見られる御影石とレンガの組合せを基調としています。また，照明灯の形式は中之島の建築物に合うようなクラシカルな形が選ばれました。この橋は，周辺環境との調和を図り，個性ある都市景観を創造しています。

図 2.21　栴檀木橋

〔9〕 橋梁顕彰碑　橋の歴史を多くの人に知ってもらうために，橋梁顕彰碑（記念碑）を設置しています。歴史は橋の魅力を高め，人々の橋への愛着を深め，その時代の歴史と文化を垣間見ることができます。例えば，「四ツ橋跡」は旧西横掘川と旧長良川が十字に交差する地点に，井桁状に四つの橋（上繁橋，炭屋橋，下繁橋，吉野家橋）が架かっていました。一般には，まとめて「四ツ橋」と呼ばれています。大阪の名所として人々に親しまれ「涼しさに四ツ橋を四つ渡りけり」など俳句の題材にもよく取り上げられています。

3

河川技術への第一歩

3.1 河川技術とは

　水は私たちの生活に欠かせないものです。世界四大文明の発祥地はいずれも川のほとりです。飲み水や農耕用の水が確保しやすいからでしょう。人々は昔から灌漑用（農業用水）や飲み水の確保のために，川から水を引いたり，ため池（ダム）を造ってきました。一方，川が洪水になると被害をこうむることもありますから，生活の場を守るために，洪水被害を軽減する堤防や洪水流を一時的に貯めておく池（遊水地）などの建設が行われてきました。日本最大のため池である香川県の満濃池は，灌漑用として弘法大師（空海）が大改修したことで有名です。また，洪水対策として有名な昔の例を挙げますと，戦国武将の武田信玄による山梨県甲府市を流れる釜無川と笛吹川の川普請（河川改修）があります。こうした河川改修は日本のみならず世界のいたるところで行われてきました。

　川の水は雨によってもたらされますが，最近，雨の降り方が変わってきていると言われています。「日本の水資源[1]」によりますと，年間の降水量は減少傾向ですが，その降り方は，たくさんの雨（多雨，豪雨）の降る年がある反面，非常に雨の少ない年（少雨，渇水）もあり，多雨と少雨の年の降雨量の差が広がっているようです。多雨の年の場合，洪水災害の発生する可能性があります。一方，少雨の年には水不足の発生する可能性があります。こうした降雨状況の変化は地球規模で現れており，地域による差も顕著になっています。

このような問題に対処し，安全な川づくりをするとともに，水を安定して供給できるようにしていく分野が，河川工学・河川技術です。また，川とその流域の自然環境を保全するとともに，壊された川の自然環境を再生・創出することも河川技術の目標の1つです。

最近の川にかかわる問題とその問題の解決に向けた取組み（河川技術）について，2，3の例を見ていきます。

3.2 洪水災害と河川技術

〔1〕 洪水災害の事例　2004年10月に台風23号が日本を直撃しました。この台風の経路周辺においては，50年あるいは100年に一度降るような大雨が長時間続きました。そのとき，兵庫県北部を流れる円山川では，堤防が壊れて大きな被害が発生しました。また，京都府北部を流れる由良川では，川の水が溢れて川沿いの国道を走っていた多くの自動車が激流の中に取り残されました。その中で，図3.1に示す観光バスの水没がテレビや新聞で大きく報道されました。このバスの乗客37名がその屋根に逃れて，濁流の中で一夜を耐え抜いたのです。この他にも，トラックの屋根や樹に登って一夜を明かした人々がいました。

図3.1　由良川の水害により水没した観光バス（京都府舞鶴市志高）

3.2 洪水災害と河川技術　53

　図 3.2 は，このときの浸水状況（京都府福知山市（旧大江町））の航空写真です．この写真は台風の過ぎ去った直後のもので，少し水の引いたときの状況ですが，住宅地や農地が浸水していて，山と山の間がすべて川になっている状況を見ることができます．こうしたことが二度と起こらないようにしなければなりません．

図 3.2　由良川の浸水状況（京都府福知山市（旧大江町），国土交通省福知山河川国道事務所 提供）

〔2〕　洪水対策の事例　　前述の図 3.2 の地域には堤防のないところがあり，浸水被害が大きくなりました．この浸水対策として，2007 年には図の点線で示すところに堤防が建設されています．図 3.3 は，建設中の堤防であり，台風 23 号のときと同程度の洪水に対して，住宅地や農地への浸水を食い止めることができるように設計されています．

図 3.3　建設中の堤防（京都府福知山市（旧大江町），国土交通省福知山河川国道事務所 提供）

堤防の他にも様々な洪水対策施設があります。まず，ダムを紹介します。ダムの役割は，洪水の水を貯留して下流へ流れる流量を減らし，下流部の安全を図ることです。図 3.4 は，椿山ダム（和歌山県日高川町）です。このダムの建設によって，その下流域の洪水被害が減少しています。なお，このダムは洪水対策のみを目的としたものではなく，用水や発電にも使われる多目的ダムです。

図 3.4 椿山ダム（和歌山県日高川町，和歌山県河川課 提供）

ダムと同じような機能を有する施設として遊水地と言われるものもあります。遊水地は川のそばに設けられ，洪水を一時的に貯留する施設で，主に中・下流部に建設されます。また，洪水流の一部を海などに流すための水路が建設されることもあります。これは放水路（分水路）と呼ばれます。新潟県の大河津分水は大変有名なものです。ここでは，洪水時に信濃川の水を分水路によって直接日本海へ流し，新潟市内を通さないようにしています。この大河津分水は越後平野を水害から守っています。放水路（分水路）と言われているものが近くにあれば一度見に行って下さい。

〔3〕 都市型水害と対策　前述の洪水災害の事例は，大量の雨が長時間降ったために生じた災害ですが，通常なら災害発生にいたらない雨であっても水害の発生することがあります。丘陵地や農地が市街地として開発され，住宅ができて道が舗装されますと，降った雨は地下に浸透しにくくなり，地表面から川へ直接に流出してくることになります。こうした状況で発生する水害を都市

型水害と言います．図 3.5 は，2003 年 7 月に発生した福岡市の都市型水害で，博多駅周辺市街地の浸水状況です．この水害は，地下街や地下鉄の浸水などの大きな被害を引き起こしました．

図 3.5 都市型水害による市街地の浸水状況（福岡市博多駅周辺，2003 年 7 月，国土交通省九州地方整備局河川部 提供）

都市型水害の発生地域では，住居や工場が川の近くまで密集していて，堤防や遊水地などを新規に設けることが難しくなっています．そこで，都市型水害の対策として考えられたのが地下空間の活用です．地下放水路（分水路），地下洪水調節池（遊水地）などです．また，洪水流の一部を貯留するために，マンション等の 1 階部分を遊水地として利用することも行われています．図 3.6 は，放流施設としての地下河川です．これは，大阪府の寝屋川北部地下河川で，寝屋川の洪水流を旧淀川（大川）へ流すためのものです．こうした地下

図 3.6 地下放水路（大阪府寝屋川北部地下河川，大阪府都市整備部河川室 提供）

河川などの地下を活用した洪水対策施設は，東京をはじめ多くの都市で見られます。

3.3 生活用水の供給と貯留（水と私たちの生活）

家庭や学校など私たちの日々の暮らしの中で水は欠かせないものです。また，工場などの生産活動や食料を生産する農業においても水が必要です。私たちの日常生活に必要な水を生活用水，工業生産に必要な水を工業用水，農業生産に必要な水を農業用水と言います。ここでは，私たちの生活に関連する水に焦点を絞って話を進めます。

〔1〕 **安全な水の供給** 私たちは，毎日水を飲み，炊事，洗濯，お風呂やトイレに水を使っています。こうした日常生活で使う水が細菌等に汚染されていたらどうでしょうか。たちまち伝染病が蔓延することになります。こうした例は開発途上国で見られることがあります。つまり，消毒された安全な水を供給することが伝染病の予防になり，社会の安全を守ることにつながります。そこで，衛生面で安全な水を供給するのが上水道システムです。そして，安全な水の製造工場が浄水場です。浄水場から各家庭や学校，事業所へ水道管を通して配水されます。水道管は水の宅配便と言えます。図3.7は，乙訓浄水場（京都市西京区）です。川や地下から取水された水は，浄水場で飲料水に適するように浄化されたのち，水道水として各家庭などへ給水されます。また，浄

図3.7 京都府営乙訓浄水場
（京都市西京区）

水場は水を浄化し，送水するだけでなく，外部から毒物などの汚染物質が入らないように，取水した水の監視とともに，不審者の侵入防止などの安全対策にも万全を期しています．

日本では，浄水場や水道管などの衛生設備が整備され，国民の100％が安全な飲料水を得ることができます．しかし，世界を見てみますと，安全な飲料水を得られない人も多くいます．アフリカ，アジア，中南米は安全な水の得られない人の比率が高い地域です．ちなみに，アフリカでは約40％の人が，アジアでは約20％の人が，中米では約15％の人が安全な水を飲むことができないと言われています[2]．日本では，水道設備の整備と塩素消毒によって伝染病患者数が急激に減少しました．安全な水の供給の大切さがわかります．

〔2〕 **水の確保** 〔1〕で述べました安全できれいな水をつねに必要量供給するためには，必要な水量を浄水場へ送らねばなりません．通常，この水は原水と言われ，川や地下水から取られます．雨の多いときは川の水も豊富で，川から取水することに不安はありません．しかし，少雨のときは水不足が発生します．一方，地下には大量の水があり，水道水として地下水を使うところも多くあります．ところが，地下水をたくさんくみ上げると地下水位が低下し，4.5節〔3〕で説明するような地盤沈下が発生します．地盤沈下の起こらないように地下水を利用することが大切になります．

最近，水不足の発生する回数が増え，原水を確保することが重要な課題になってきています．2007年の「気候変動に関する政府間パネル（IPCC）」では，温暖化の影響によって，2050年における水不足による被害は地球上で数億人から10億人以上に及ぶとの予測を立てています[3]．

雨の少ないときのために，積極的に水を貯めておいたり，水を作り出したりする必要があります．これを水資源開発と言います．では，雨が少ないときでも原水を安定的に供給するにはどうしたらよいでしょうか．大量にある海の水を淡水化することが考えられますが，水の製造コストが高くなります．ちなみに，中東諸国ではオイルマネーによる豊かな経済力を背景として，海水の淡水化が広く行われており，淡水化された水を使用する割合が非常に高くなってい

ます。日本でも海水の淡水化は行われていますが,その製造コストは河川水を利用する場合の2〜3倍になり,まだまだ主流にはなっていません。

こうした状況を考えると,地上の水を貯めておくことが重要になります。満々と水を湛えている湖があればよいのですが,どこにでもあるとは限りません。湖があったとしても,その水をたくさん取水しますと,湖水面が下がり,地下水位や生物の生息環境にも影響を及ぼします。したがって,人工的な湖・貯水池を造って,水を確保する必要があります。日本のように,平野が少なく,急峻な山の多いところでは,ダムによる貯水が行われます。ダムの貯水池に水を貯えることによって,安定した水の供給を図ろうとするものです。また,河口に堰を設けて水を貯めたりします。

図 3.8 は,アメリカのコロラド州のフォートコリンズに造られた人工湖です。これは山腹にダムを建設し貯水湖を造った例です。貯水湖の長さは町の長さと同じくらいです。ここのダムは川をせき止めるダムではなく,貯水湖から水が流れ出ないように壁を造ったものです。この人工湖では市の約1年分の使用水量を貯めるようにしているようです。なお,この地域の年間雨量は約400 mmで,日本の1/5〜1/4程度です。

図 3.8　フォートコリンズの人工湖（アメリカ　コロラド州）

ダムの有効性は 3.2 節〔2〕の治水のところでも述べましたが,ダムによって水や土砂の流れの連続性が分断されるため,生態環境に及ぼすダムの影響が指摘されています。現在,ダムにかかわる環境問題を解決するために多くの研究が進められています。その対策として,ダムの構造を変えたり,ダム貯水

3.3 生活用水の供給と貯留（水と私たちの生活）　59

池への酸素の取込みやダムからの放流の仕方を工夫するなど，様々な取組みが行われ，環境に及ぼすダムの影響を少なくする努力が行われています。

〔3〕水の輸入　　わが国の年平均降水量は1 720 mm であり，世界の中で水の豊かな国の1つです。ところで，日本では水を輸入しているでしょうか？　1994年の全国的な渇水のときには，韓国から工業用水が輸入されました。では，水不足でないときにはどうでしょうか？「日本は水の輸入大国である」とよく言われますが，なぜでしょうか？　日本は多くの食糧を輸入していて，食糧自給率は約40％と言われています。輸入・市販されている食品の一例を図 3.9 に示します。果物，野菜，肉，菓子類など，私たちがよく口にする品々です。こうした食糧の生産には大量の水が必要です。つまり，日本は食糧を通して大量の水を輸入しているのです。このような水は，バーチャルウォーターと言われます。ちなみに，輸入食糧や輸入工業製品の生産に必要な水量を輸入水量として換算しますと，バーチャルウォーターの輸入量は約640億 m^3/年にもなります[2]。この量は，日本の水使用量約840億 m^3/年（2003年）の8割近くに達しています。日本は水の輸入大国と言えるでしょう。

図 3.9　輸入・市販食品の一例

いま，世界中で水不足が心配されています。急激な人口増加や経済発展が見込まれているからです。そのために水の争奪戦が起こるとして，"21世紀は水戦争の時代"と言う人がいるほどです。水不足の問題が食糧問題に発展することも想定されます。いずれにせよ，水資源開発技術と安全な水の安定供給技術がいっそう重要となります。

3.4 川 と 環 境

　図 **3.10** （*a*）は韓国のソウルの中心部を流れる清渓川（チョンゲチョン）の様子で，美しく整備された川べりを人々が散策しています。都会の美しい川の情景が見られます。ところが，ちょっと前までの清渓川は，図（*b*）のような自動車道路でした。かつての清渓川では汚染が進んできたために，都市環境の改善を目的として川にふたをするように自動車道路が建設されました。しかし，自然と人間と都市空間の調和を図るため，2005年に図（*a*）のようにオープン化され，本来の川の状態に復元されました。オープン化された川には，図に見られるように，広場も設けられ，人々の憩いの場になるとともに，水質の改善も図られて動植物の生息環境も創出されています。

　　　　（*a*）改善後　　　　　　　　　　　（*b*）改善前
図 **3.10** 清渓川（小野紘一氏 提供）

　こうした事例からもわかるように，川は私たちにとって身近な自然です。川沿いを散歩したり，魚釣りをしたり，水遊びをしたり，カヌーやボートを楽しむことができます。私たちが楽しむことのできる川は，水がきれいで砂や砂利の河原があり，魚がいて植物が繁茂し，鳥や昆虫類がいる空間ではないでしょうか。水がきれいであるためには水質の保全を図る必要があります。これは，**3.3** 節で述べた生活用水の確保の面からも大切なことです。また，動植物が

生きていくことのできる川づくりとともに，川の風景を守ることも大切です。つまり，川にかかわる環境の問題は，①水質保全，②河川における生態系の保全，③景観の3つに大別されます。ここでは，おもに②の河川における生態系の保全に関する課題を紹介します。

私たちは，寝るときはふつう電気を消して，布団の中で寝ます。食事のときは食卓に座ります。仕事をする場所は職場であり，学生は学校に行きます。日常の様々な行動において，私たちはその目的を達成するのに適した場所で行動します。魚の立場に立ってみますと，休む場所は流れのないところか緩やかなところでしょう。餌(えさ)をとる場所は，餌となるものがいるところでしょう。餌となるものがいる場所とはどんな条件のところでしょうか。また，産卵や幼魚の成育のための場所も必要でしょう。洪水のときには避難する場所が必要でしょう。このように，魚にとって必要な場所を考えて，川づくりをすることも河川技術として大切なことです。

〔**1**〕 **環境と流路の改修**　一般に，環境の良い川と言われるところは，水がきれいで，瀬と淵が形成されていて，魚がいて，植物が繁茂し，昆虫や小動物が生息しているところです。一方，悪い環境の川は，魚のいないあるいは少ない川で，水が汚く，植物も少なく，流れが単調で，河岸や河底がコンクリートで固められたようなところではないでしょうか。しかし，災害の防止や軽減のためには，河岸や河底をコンクリートで保護することが必要な場合もあります。

流れの単調なところはよい環境ではないと述べましたが，流れの単調な川とは，流れの強弱のないようなところ，つまり，流速が一定の川のことです。魚にとって，休むところも泳ぐところも流れの速さが同じところではたまりません。一般に，川は蛇行します。すると，**図3.11**のように深くて流れの緩いところと浅くて流れの速いところができます。また，**図3.12**のような砂州（河床の砂が周囲よりも高く堆積したもの）ができると，深くて流れの緩いところと浅くて流れの速いところ，つまり瀬と淵ができます。こうした場所が魚にとって大切なところになります。

62　　3．河川技術への第一歩

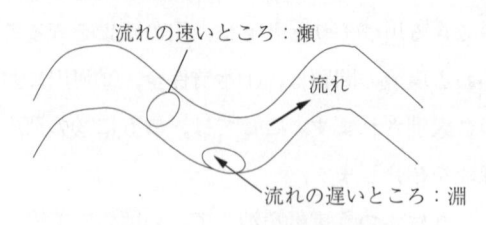

図3.11　川の蛇行部の瀬と淵

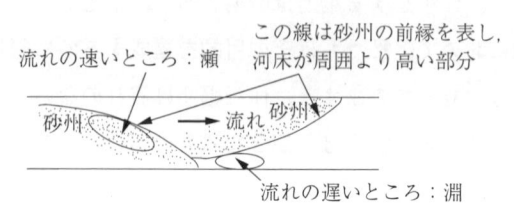

図3.12　砂州部の瀬と淵

　スイスの例ですが，川を直線化したところ，マスの生息数が減ったために元の蛇行する川に戻してみると，その生息数が増えたという報告があります[4]。これは，流れを蛇行させることによって，瀬と淵が形成されたためと思われます。瀬と淵のある川の必要性がわかります。日本でもいろいろなところで，直線化された川の蛇行化が行われています。釧路湿原では，川を直線化したために生態系の変化や湿原の乾燥化が見られるようになりました。そこで，**図3.13**（a）に示すように，直線化された現在の川を元のように蛇行させるため，旧川の復元工事が進められています。図（b）は，復元後のイメージ写真で

　　（a）現在の状況　　　　　　　　（b）蛇行復元後のイメージ
図3.13　釧路川の復元工事（北海道開発局釧路開発建設部　提供）

す．蛇行の復元によって，大型魚イトウが生息する環境の創成や湿原の保全が期待されます．このような自然再生事業も重要な河川技術の1つです．

〔2〕魚　　　道　　魚は，川を上下流に行き来します．また，サケ，サクラマス，サツキマスやウナギなどのように，川→海→川と回遊するものもいます．川を上る魚にとって，ダムや堰は障害になります．一方，ダムや堰は私たちの生活に必要なものです．そこで，魚がダムや堰の上下流を行き来できるように考えられたものが魚道です．図3.14は魚道の一例です．これは，和歌山市を流れる紀の川にある大堰に設けられた魚道です．この図には2種類の魚道が見られます．左側がデニールボックス付きバーチカルスロット式魚道で，右の2つが階段式魚道です．この堰にはもう1種類の魚道もあり，3種類の魚道が設けられています．このように，魚道にはいろいろな種類がありますが，ダムや堰の大きさ，川の状況，対象とする魚の遊泳特性等によって適切な魚道を選ぶようにします．昔の魚道は思ったほど魚が集まらず，十分に機能しないものも多かったようです．最近では，魚の溯上(そじょう)行動と川の流れの関係が研究され，魚道の改良が行われているために，魚道が有効に機能するようになってきています．

図3.14　魚道の一例（和歌山市，紀の川大堰）

図3.15にオペレーションタイプの実験装置の一例を示します．アイオワ大学（アメリカ）水理実験所で製作中（1994年）の様子ですが，かなり大きな実験装置であることがわかります．こうした装置を用いた研究の成果に基づき，魚道の改良が進められています．

64　3．河川技術への第一歩

図 3.15　魚道の実験装置（アメリカ　アイオワ大学）

〔3〕 **魚の避難場所**　魚は，鳥などの天敵や洪水から身を守る必要があります。大きな洪水の後，"大量の魚が浮かんでいた"とか"川の魚が海辺に打ち上げられていた"といったような話を聞いたことがありますか。そんな話を聞いた人はいないと思います。魚は安全な場所に身を潜めて危機をやりすごすのでしょう。つまり，魚はそれぞれ避難場所を持っているのです。その避難場所は平常時と増水時で異なるようです。

平常時であれ，増水時であれ，避難場所は"流れの遅いところ"や"流れの淀むところ"で，淵，河岸付近の木の根っこや窪み，空洞部，あるいは大きな石の影のようです。図 3.11 や図 3.12 に示しているような流れの遅いところも避難場所になります。また，図 3.16 に示すような，ワンドあるいはタ

図 3.16　淀川のワンド群とタマリ
（国土交通省淀川河川事務所　提供）

マリと言われる場所は，避難場所としても産卵場所としても適しているようです。ワンドとは，人工的に造られた本川沿いの水たまりで，本川とつながっているか，増水時につながる水たまりのことです[5]。タマリとは，本川沿いに自然にできた水たまりのことです[5]。ワンドとタマリに関しては，上記とは違う定義もあります。それは，ワンドとは平水時に本川とつながっている水たまりであり，タマリは平水時には本川とつながっていないが，増水時に本川とつながる水たまりというものです[6]。このような魚の避難場所を考えた川づくりが求められています。淀川などでは，干上がったワンドの再生事業も行われています。再生されたワンドでは，魚貝類や植生の進入が確認されています。ワンドの機能維持のためには，適当な冠水とともに，ワンド内の水質保全のために本川とワンドの水の交換ができるようにすることが重要です。

3.2節〔**1**〕で述べたような大洪水時における魚の避難行動は，まだよくわかっていませんが，これまでに述べたような避難場所に身を潜めることもあるでしょう。また，支川や用水路を通って安全な場所へ避難しているのかもしれません。河川整備をする場合，こうした魚の避難経路や避難場所を確保するように，あるいは，現存するそれらを維持するように設計する必要があります。そのためには，洪水時の魚の避難行動をさらに研究し，川づくりに生かしていくことが求められています。

以上のように，川にかかわる課題は，洪水の防止・軽減（治水），水資源の確保と水利用（利水）および環境保全を考えていくことです。しかし，洪水の防止・軽減を図るあまり，河岸をコンクリートブロックで保護したら植物は育たなくなり，魚の避難場所も少なくなって生息環境が悪くなってしまいます。また，水不足を心配するあまり，ダム貯水池を満水状態に保っておくと，洪水時に増加する水を貯めることができなくなって，災害の起こる危険性が高まります。つまり，河川計画・設計を考える場合，治水，利水および環境保全の調和を図ることが大切です。

安全で豊かで，私たちの憩いの場としての川を守っていくことのできる河川技術を考えていきましょう。

4

地盤・土への第一歩

4.1 地盤・土の特徴

　地球表面は岩や土で覆われています。岩が塊となって数mあるいは十数m以上に広がっていると，岩盤と言われます。土は岩が風化，変質したものであり，岩と土の層を地盤とも言います。この章では，地盤とその構成要素である土について学習します。

　シビルエンジニアリングが対象とする構造物は，地盤の上や地盤中に造られます。そのため，構造物の設計や施工の前に，その土地の測量と地盤の調査・試験に基づく評価が行われます。この調査・試験が正確に行われますと，構造物の建設作業は成功したと言われるほど，地盤の評価は大切ですし難しいと言われます。その原因はつぎの2つです。

　〔*1*〕 **土の多様性**　第一の原因は，地盤を構成している土の多様性です。土は岩の風化産物であり，母岩の種類，風化作用の違いや程度，風化後の運搬・堆積作用の違いなどにより，その種類は多様です。**表*4.1***は地盤を構成している粒子を大きさ（粒径）により分類し，それらに名前を付けたものです。

　土すなわち土質材料は，粒径75 mm未満のものを言い，75 mm以上の粒子は岩石材料の「石」と言われます。土質材料の中で最も大きい粒子は「礫」と呼ばれ，直径が75～2 mmの土粒子です。一方，最も小さい土粒子は「粘土」と呼ばれ，直径 0.005 mm未満です。礫粒子と粘土粒子の大きさの違いは実

表 4.1 粒子の大きさによる地盤材料の分類と名前

粒子の名前				粒 径
岩石材料	石分	石	ボルダー	300 mm
			コブル	75 mm
土質材料	粗粒分	礫	粗礫	19 mm
			中礫	4.75 mm
			細礫	2.00 mm
		砂	粗砂	850 μm
			中砂	250 μm
			細砂	75 μm
	細粒分	シルト		5 μm
		粘土		

に1万倍以上にもなります。これらの土粒子がどのような割合で土の中に含まれているかを粒度分布として表します。「砂粒子」（2〜0.074 mm）が多量に含まれている砂浜の砂（砂質土）と「粘土粒子」や「シルト粒子」（0.074〜0.005 mm）が多く含まれている田んぼ土（粘性土）はどちらも土の一種ですが，その姿と性質はまったく違うものです。このように，多様な種類の土粒子が混在して地盤が作られていますので，平面方向にも深さ方向にも，わずか数 10 cm 離れた地点の地盤がまったく違う性質を持つことはよくあります。また，火山灰，動植物の遺骸，人間生活の廃棄物，産業廃棄物などが混入して，さらに複雑なものとなっています。

　土の多様性を示すもう1つのわかりやすい例は，土の色の違いです。**口絵 6** は，土粒子の大きさを試験するために，1 000 ml のメスシリンダー内に 60〜100 g の土粒子を入れて作った懸濁液です。土の種類によってその色が様々であることがわかります。

〔**2**〕**三相系の材料**　　第二の原因は，土が固体のようで固体ではないことです。地盤を構成している土粒子はもちろん固体なのですが，土の中にはこれ以外に水と空気があり，固体・液体・気体が混在しています。しかも，固体部分の土粒子の体積が地盤・土全体の半分にも満たないものが多くあります。したがって，地盤・土の性質は土粒子以外の水や空気の影響を受けることになり

ます。雨の降った後と日照りが続いた後では,地面の固さが違うことは日常的に経験しているでしょう。後で述べる地盤の強さや地震時の液状化現象は,水の影響を知らなければ理解できません。

このように,水は地盤・土の性質を左右する大事な要素であり,その量を表すために,土粒子の重さ m_s〔g〕に対する水の重さ m_w〔g〕を百分率で求め,これを含水比 w〔%〕と呼んでいます。すなわち,$w = m_w/m_s \times 100$ であり,ふつうの砂では 10 % 前後ですが,粘土では 40〜50 %,場合により 100 % 以上にもなります。特に粘土の場合,含水比の違いによりドロドロの液体,ベトベトの塑性体,パサパサの半固体,カチカチの固体と状態が変化します。このような含水比の違いによる土の性質の違いをコンシステンシーと呼び,それぞれの境界の含水比を,液性限界,塑性限界,収縮限界と呼んでいます。**図 4.1** は,含水比の違いによる土の体積変化を簡略化して表したもので,コンシステンシーの3つの限界も表示しています。

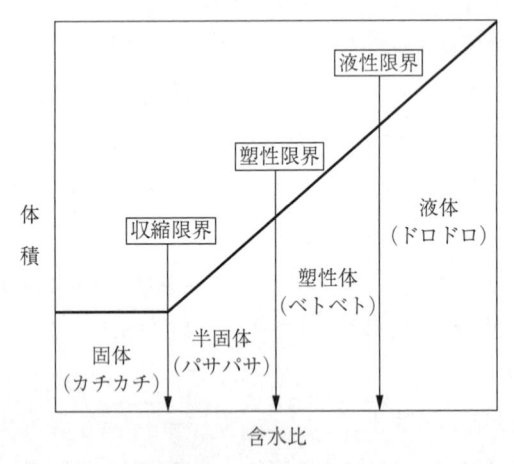

図 4.1 体積変化と土のコンシステンシー

第一の原因で述べた粒度分布と第二の原因で述べたコンシステンシーに基づいて土を分類する方法が,地盤工学会の基準となっていて,一般によく使われています。

4.2 構造物を支える地盤の強さ

〔**1**〕 **地盤の破壊**　地盤はふつう自分の重さを支えて安定しています。そこに新たな構造物が造られると，その重さ（荷重）を支えねばなりません。もし，新たに造られた構造物の荷重が大きすぎますと，地盤はそれを支えきれずに破壊することになります。地盤の場合，この破壊はせん断破壊（ある面に沿ってずれる現象）として起こります。

地盤内のある点を通る任意の面を考えますと，この面には**図 4.2** のように，面に垂直な応力（垂直応力）σ と面に平行な応力（せん断応力）τ が働いています。ここで，応力とは力をその力の働いている面積で除した量で，単位面積当りの力を表します。地盤上に新たな構造物が造られますと，その下の地盤内の応力は垂直応力，せん断応力ともに増えます。せん断応力が増えても地盤が破壊しないのは，せん断応力と同じ大きさのせん断抵抗力 r が働いているからです。

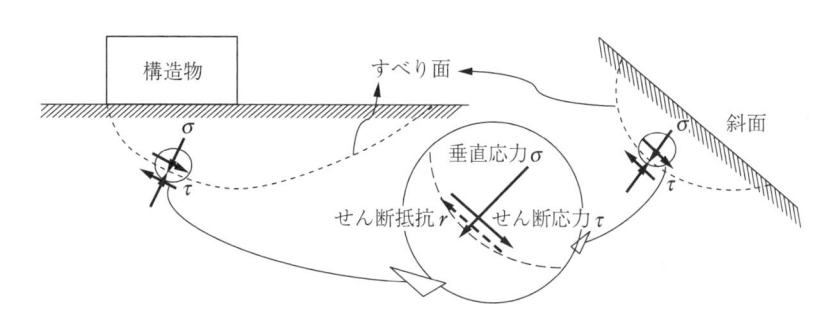

図 4.2　地盤内の応力とせん断破壊の仕組み

しかし，せん断抵抗力には限界があり，その限界以上にせん断応力が増えますと，地盤はその面で破壊します。そして，この破壊する面が連続するとすべり面と呼ばれ，この面に沿って地盤はせん断破壊を起こします。**図 4.3** は，このようなせん断破壊を実験室で再現した三軸圧縮試験における供試体の破壊の様子です。

図 4.3 土の三軸圧縮試験供試体の破壊の様子
((協)関西地盤環境研究センター 提供)

〔2〕 **地盤の強さ** せん断抵抗力の限界をせん断強さ s と言い，地盤の種類と状態によりその大きさが決まります。地盤のせん断強さは式 (4.1) のように表されます。

$$s = c + \sigma \tan \phi \tag{4.1}$$

ここに，s：せん断強さ〔kN/m²〕，c：粘着力〔kN/m²〕，σ：垂直応力〔kN/m²〕，ϕ：内部摩擦角です。式 (4.1) の第 1 項は粘着力の項で，土粒子自身の粘っこさに起因する力です。粘土粒子では 5～2500 kN/m² ほどの大きさですが，砂粒子ではふつう 0 です。第 2 項は摩擦力に起因する力です。垂直応力 σ は自重と外力に関係しますが，内部摩擦角 ϕ は地盤の種類と状態で決まります。粘土ではふつう 0°，砂では 20～35° です。

一般に，水中での物体の重さは，水圧による浮力のために空中に比べて水圧分だけ軽くなります。地盤が浸水しますと，土粒子間に働く垂直応力 σ も浮力（実は水圧 u に相当しています）の分だけ小さくなります。地盤の場合，水中の垂直応力を特に有効応力 σ' と呼び，地盤の安定性を考えるときにとても重要な量です。すなわち，式 (4.2) となります。

$$\sigma' = \sigma - u \quad \text{または} \quad \sigma = \sigma' + u \tag{4.2}$$

さらに，水中での地盤に有効応力 σ' が働く場合は，粘着力と内部摩擦角の水中での量として c'，ϕ' と表します。したがって，水中地盤のせん断強さは

式 (4.3) のようになります。

$$s = c' + \sigma' \tan \phi' \qquad (4.3)$$

梅雨末期の集中豪雨や台風がもたらす豪雨時に，毎年のように斜面の崩壊，河川堤防の決壊などの地盤災害が発生しています。豪雨により浸水した地盤では，垂直応力が浸水前より小さい有効応力 σ' となり，さらに，内部摩擦角も ϕ より小さい ϕ' となりますので，浸水前に比べて地盤のせん断強さ（式 (4.3)）が小さくなり，せん断破壊が起こりやすくなります。これ以外に，地表面や地下を流れる表流水や浸透水の力も豪雨時の地盤災害の主要な原因です。このような地盤災害に対処するために，斜面や堤防の防護工法が開発されてきていますが，最近の豪雨は予想をはるかに超えるものが発生し，よりいっそう確実な防災工法・減災システムが必要とされています。

4.3 地震による地盤の液状化

〔1〕 **液状化とは** 　地震による地盤の被害には，地割れ，山崩れ，陥没，隆起などがあります。1964年6月に起こった新潟地震では，4階建ての県営アパートの建物が構造的な被害がないのに転倒し，信濃川に架かっていた昭和大橋の橋桁のいくつかが同一方向にバタバタと落ちました。その周辺には大量の砂が地表面に噴き上がっていました。これが砂の液状化現象であることは，す

図 **4.4** 　液状化現象により噴出した砂と噴出孔（鍋島康之氏 提供）

ぐには認識されなかったのですが，その後の精力的な研究の結果，強い地震時に地下水位以下の砂地盤で発生する現象であることが解明されました。大きな地震時には必ず生じる現象であり，1996年1月に発生した兵庫県南部地震では，各地で大規模な液状化が起こり（図 4.4），斜面，住宅，橋梁，港湾構造物などに大きな被害を与えました。この液状化は過去の地震でも発生していることが，いくつかの遺跡の発掘現場で確認されており，遺跡の年代推定の証拠となったり，逆に過去の地震の発生根拠になったりしています。

〔2〕 **液状化発生の条件とその被害**　地盤の液状化が起こるためには次の4つの条件がそろう必要があります。それは，①大きな地震の力，②地下水位以下の砂質地盤（粒子間隙が水で飽和されている），③密度のゆるい砂質地盤（粒子間隙が大きい），④粒径がそろっている砂質地盤です。

式（4.1）で述べましたように，砂地盤では粘着力がありませんので，水中地盤の強さは摩擦力 $\sigma' \tan \phi'$ だけです。水で飽和している砂地盤に急激な地震力が働きますと，飽和した間隙水の圧力が一時的に上昇します。水圧が大きくなると水は圧力の大きいほうから小さいほうに向けて流れる（排水）のですが，地震力が急激なので排水する時間がなく，間隙水圧が上昇したままとなります。式（4.2）において，地震中に間隙水圧 u が増えると，有効応力 σ' が小さくなり，極限では $\sigma'=0$ となり，式（4.3）で表される地盤のせん断強さ

図 4.5　液状化現象によるマンホールの浮き上がり
（吉田信之氏 提供）

がなくなります。液体はせん断強さを持っていない物体ですので，せん断強さがない地盤は液体と同様の挙動をします。これが地盤の液状化現象です。

液状化を生じた地盤では，弱い地盤の裂け目などを通って土粒子が地表まで噴出し（図 **4.4**），火山の噴火口のような形状を示します。また，地表面に造られた建物や橋脚は傾き，地中に造られたマンホールや貯水槽などは地上に浮き上がってきます（図 **4.5**）。斜面では山崩れの原因となり，住宅や橋梁の基礎地盤，岸壁が支えていた地盤などが流動して構造物に被害が生じます。

〔**3**〕 **液状化の防止対策**　この液状化を防ぐには，前述の4つの条件のどれかを働かせないようにします。

（**1**）**地震力を小さくする**　自然現象である地震力は小さくすることができません。その代わり，発生する間隙水圧を素早く（急激な地震力よりも早く）減少させることを考えます。その方法の1つは，グラベルドレーンという工法です。これは，図 **4.6**[1] のように，地中に透水性の良い砕石（グラベル）の排水（ドレーン）杭を造り，間隙水を素早く排水するものです。この方法の液状化防止効果が実証されたのは，1993年1月に発生した釧路沖地震でした。マグニチュード7.8の巨大地震が港湾全体に大きな液状化被害を与えましたが，グラベルドレーンが設置されていた部分ではほとんど変状が現れませんでした。

（*a*） グラベルドレーンの設置状況
　　　（(株)鴻池組 提供）
（*b*） グラベルドレーンへの水の流れ

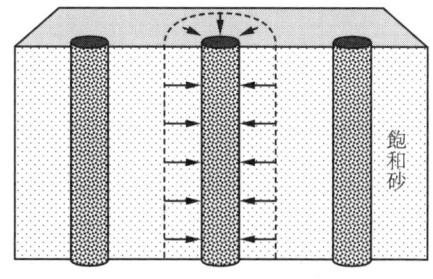

図 **4.6**　グラベルドレーン工法による排水

（2） **粒子間隙を水で飽和させない**　地下水より上の地盤ではふつう液状化が発生しませんので，地下水位を下げることにより液状化を防ぐことができます。具体的には，井戸を掘り地下水をくみ上げたり，水平ドレーン溝を設置して地下水を流出させたりすることがあります。しかし，どちらも恒常的な運転経費が必要であり，また平常時に地下水を利用している場合には不便なことになりますので，非常時以外には使いにくい方法です。

（3） **地盤を締め固める**　ゆるい砂質地盤を締め固めて，地震時でも間隙水圧を上昇させないようにします。振動を加えながら砂を地中に圧入し，周辺地盤を締め固めるサンドコンパクションパイル工法があります。また，セメントなどの固化材を混合して地盤を化学的に固める方法も施工されています。

（4） **粒度分布を良くする**　均一な粒径の砂粒子でできた地盤は，密度が小さく緩いため，液状化を受けやすいことがわかっています。大小いろいろな粒子が混じっていて粒径の不ぞろいな地盤（これを粒度分布が良い地盤と言います）は締め固めもしやすく，液状化を受けにくいとされています。しかし，粒度分布が良いまさ土で造成された神戸のポートアイランドにおいて，阪神淡路大地震（マグニチュード8.1）は大きな液状化を発生させました。単に，粒度分布だけの条件では液状化は防げないとも言えます。

4.4　地盤の圧密沈下

〔1〕 **圧密沈下とは**　4.2節では地盤のせん断強さ以上の力が作用すると地盤は破壊すること，4.3節では地盤のせん断強さが0になり液状化現象が起こることを説明しました。このような破壊には至らなくても，地盤が大きく変形する現象があります。砂質地盤ではこの変形は短時間で終了しますが，軟らかい粘土地盤ではとても長い年月をかけて変形していきます。この長時間にわたる圧縮変形を特に圧密と呼びます。

わが国の大都市は海岸近くの平野に発達しています。新潟平野のように信濃川が運搬してきた砂層，関東平野のように富士・箱根火山のもたらした火山灰

層が見られることもありますが，大阪平野，濃尾平野のように多くの平野では，沖積粘土層がおもな地層であることがふつうです．沖積粘土層は，今から1万年前以降に堆積した新しい地層で，粒径 75μm 以下の細かい粒子からできていますので，密度は小さく多くの間隙を持った粒子構造をしています．しかも，個々の間隙は小さく，水を通しにくい特徴があります．また，空気は圧縮しやすい物質ですが，土粒子と水は圧縮しにくい性質を持っています．

このような地盤に構造物からの荷重がかかりますと，まず空気が圧縮して地盤は少し沈下します．水は圧縮しませんので水圧が大きくなり，水圧の低いほうに流れようとします．このように，粒子の間隙から水や空気が排出されて，間隙が小さくなり地盤は圧縮されていきます．ところが，地下水より下や海・池の下の地盤は間隙が水で飽和されていますので，間隙の水が排出しない限り圧縮しません．沖積粘土は水を通しにくいものですから，間隙水はゆっくり排水され，粘土の圧縮すなわち圧密はきわめてゆっくり起こります．

〔2〕 **圧密沈下量とその所要時間の求め方**　粘土地盤がどれくらい圧密され，それがどれくらいの時間かかるかを知るためには，圧密試験によりその粘土の性質を調べます．使用する粘土の供試体はふつう直径 6 cm，高さ 2 cm の円盤状のものです．小さな荷重から徐々に荷重を増やしてこの供試体を圧密させます．荷重の大きさは 6〜8 段階とし，1段階の載荷時間は 1 日としていますので，この試験は 1 週間〜10 日間かかります．

この試験からは多くの圧密に関するデータが求められるのですが，その中で体積圧縮係数 m_v と圧密係数 c_v が求められますと，次式により粘土の最終沈下量 S_c と沈下時間 t が計算できます．

$$S_c = m_v \times h \times \Delta p \tag{4.4}$$

$$t = \frac{T_v \times H^2}{c_v} \tag{4.5}$$

ここに，h：粘土層の厚さ，Δp：荷重の増加分，T_v：時間係数，H：最大排水長です．時間係数は圧密度（任意の沈下時間の沈下量 S_t と最終沈下量 S_c の比）により決まる係数です．また，最大排水長とは粘土層の中を排水される水が最も長く動かねばならない距離で，粘土層の上下に砂層がある（両面排水

と言います)ときには $h/2$ となります。

関西国際空港第一期埋立て造成工事における海底地盤をモデル化して，これらの式を使って圧密状況を計算しますと，つぎのようです。この埋立ては約 20 m 深さの海水面下にある厚さ約 20 m の沖積粘土層上に，淡路島などから土を運搬し人工島を造成したものです。沖積粘土の圧密試験結果の平均的な値として体積圧縮係数は $m_v=0.00060$ m²/kN，圧密係数 $c_v=0.03$ cm²/min とします。さらに，人工島の荷重を $\Delta p=500$ kN/m² としますと，最終沈下量は $S_c=0.00062\times20\times500=6.2$ m となります。また，最終沈下量の 98 % の沈下が生じるまでの時間は，$T_v=2.0$ ですので，$t_{98\%}=(2.0\times1000^2)/0.03=70\,000\,000$ min≒133 年です。粘土層が約 30 % 圧縮し，それの要する年月が約 133 年という結果となりました。

〔3〕 **圧密沈下の促進方法**　このように，圧密沈下が大量で長期間続きますと，その上に滑走路やターミナルビルを造ってもその機能は果たせません。そこで，圧密沈下を早めることが必要になります。式 (4.5) からわかりますように，沈下時間は最大排水長 H の 2 乗に比例していますので，H を 1/10 に短縮しますと，沈下時間は 1/100 になります。この原理を使って沈下時間を短縮する工法に，バーチカルドレーン工法があります。この工法は，図 **4.7** のように粘土層中に鉛直な砂杭を打ち込み，これを排水層とするものです。粘土層中の水は，砂杭を通って上下の排水層へ流れますので，排水距離を短縮で

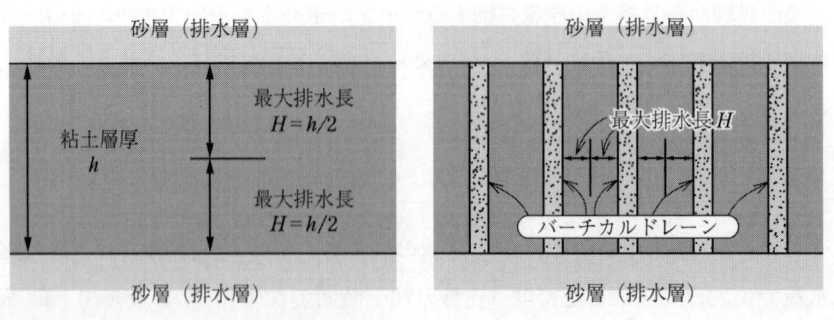

(*a*) バーチカルドレーンのない場合　　(*b*) バーチカルドレーンを設置した場合

図 **4.7**　バーチカルドレーン工法による沈下時間の短縮

きることになります．砂杭の間隔を小さくするほど最大排水長が小さくなり，沈下時間が短縮されます．関西国際空港人工島造成工事では，護岸の下には2m間隔に，それ以外は2.5m間隔に直径40cmの砂杭を約100万本打設しましたので，沈下時間を約3年に短縮できました．

ただし，関西国際空港の建設海面下の地層は約20mの沖積層の下に，約400mにわたって洪積層が堆積しています．洪積層は砂と硬い粘土の互層であり，沖積層より前（1万年以上前）に堆積しているため，すでに十分に圧密されています．したがって，ふつうの荷重では圧密しないのですが，関西国際空港人工島の大きな荷重では圧密を起こしていることが観測されています．*1.2.2*項〔*1*〕で述べていますように，2006年末までの全沈下量が12.5mであり，年間約9cm沈下しているのはこの影響によるものです．

4.5 地盤の環境問題

地盤の環境問題を取り扱う学問として環境地盤工学という言葉が使われだしたのは1990年代になってからです．そのおもな問題は，（1）各種有害物質などによる地盤（土と地下水）の汚染，（2）地下水くみ上げによる地盤沈下，（3）廃棄物や建設発生土の処理処分と有効利用，（4）豪雨や地震などによる地すべりや斜面崩壊，（5）建設工事などによる地盤振動と地盤変状などがあります．ここでは，（1）〜（3）について取り上げます．

〔*1*〕 **地盤の汚染** 　地盤は汚染された水や空気を浄化する能力（自浄能力）を自然に備えています．しかし，汚染物質が大量に供給され，地盤の自浄能力を超えてしまうと，地盤の汚染は進行していきます．この汚染は長期間にわたり持続される蓄積性の汚染であり，その影響は植物の生育や土壌生物の増殖には直接的に現れるとともに，人の健康や生活環境へは農作物や地下水，大気などの汚染を通じて間接的に影響を及ぼします．

わが国の地盤汚染は，従来主として鉱山活動に伴う重金属による農用地の汚染が中心でした．その代表的なものは1877年ごろ発生した足尾銅山の鉱毒水

による渡良瀬川流域水田の銅汚染です。1968年には神通川流域に発生したイタイイタイ病の原因が河川水に含まれるカドミウムによる慢性中毒であることが明らかになりました。1975年には東京都における六価クロム鉱滓（さい）埋立てによる地盤汚染が顕在化したのをはじめ，最近では各地の工場跡地の再開発の際に重金属や揮発性有機化合物による地盤と地下水の汚染が見られるようになり，市街地での地盤汚染が社会問題になっています。

このため環境庁では1991年にカドミウムなど10個の重金属について「土壌の汚染に係る環境基準」（以下「土壌環境基準」）を制定しました。さらに，1994年には水質環境基準と同様に15項目の揮発性有機化合物や農薬の基準を追加設定しました。1998年大阪府能勢町のごみ焼却場付近で高濃度のダイオキシンで汚染された土や水が住民に不安を与えて以来，各地でダイオキシンによる環境汚染が問題となっています。そこで，1999年には「ダイオキシン類対策特別措置法」を制定しました。さらに，2001年の土壌環境基準の改正（フッ素とホウ素を追加指定）を経て，2002年には「土壌汚染対策法」が施行されました。

土壌汚染対策法は，有害物質を取り扱っている事業所などにおいて，土壌汚染の状態が不明なまま放置され，不特定な人が立ち入ることによって発生する健康影響を防ぐことを目的としています。このリスク（土壌汚染の環境リスク）として，具体的には以下の2つの場合について，調査・対策を講じることとしています。

① 汚染された土壌に直接触れたり，それを口にしたりする直接摂取によるリスク　表層土壌中に高濃度の状態で長期間蓄積しうると考えられる重金属（10物質）とダイオキシンを対象にしています。

② 汚染土壌から溶出した有害物質で汚染された地下水を飲用するなどの間接的なリスク　地下水等の摂取の観点から，上記の重金属以外に揮発性有機化合物（11物質）と農薬（5物質）とダイオキシンを対象にしています。

表4.2は，ダイオキシン以外の土壌汚染に関する対象物質名と，それらの

表 4.2 土壌中の特定有害物質とその調査

特定有害物質			土壌含有量調査	土壌溶出量調査	土壌ガス調査
第1種	揮発性有機化合物	四塩化炭素・1,2-ジクロロエタン・1,1-ジクロロエチレン・シス-1,2-ジクロロエチレン・1,3-ジクロロプロペン・ジクロロメタン・テトラクロロエチレン・1,1,1-トリクロロエタン・1,1,2-トリクロロエタン・トリクロロエチレン・ベンゼン		○ (土壌ガス調査で検出された場合)	○
第2種	重金属	カドミウム・六価クロム・全シアン・総水銀・アルキル水銀・セレン・鉛・砒素・ふっ素・ほう素	○	○	
第3種	農薬等	シマジン・チウラム・チオベンカルブ・PCB・有機リン化合物		○	

物質ごとに行うべき調査を表しています[2]。重金属については土壌中の含有量と地下水への溶出量を調査します。揮発性有機化合物はまず土壌ガス中の濃度を調べ，それが基準値以上である場合に溶出量を調査します。農薬等については溶出量を調査します。

重金属による汚染土壌の処理は，汚染土壌の掘削除去，封じ込め，被覆，固化，溶融，生物的処理などが行われています。一方，揮発性有機化合物による汚染土壌はガス吸引法，地下水揚水・曝気法，生物的処理法などが適用されています。

土壌汚染対策法の施行後5年が経過した2007年には，法律の対象範囲，対策のために搬出される汚染土の適正処理の確保，および汚染された土地の未利用（放棄）問題であるブラウンフィールドへの適切な対応などの課題が検討されています。

〔2〕 **地下水くみ上げによる地盤沈下** 構造物の荷重が地盤に直接かからなくても地盤が沈下する現象があります。わが国でこのような地盤沈下現象が最初に確認されたのは，東京都江東区で1923年の関東大震災後に行われた水

準測量によるものでした．当時は地震による地殻変動の一種と考えられていましたが，その後の測量結果やビルの抜け上がり現象などにより，広がりを持った地盤沈下現象と指摘されるようになりました．大阪市においても，1928年の水準測量による水準点の異常な沈下が観測されていました．特に注目されだしたのは1934年の室戸台風による高潮災害の後であり，そのため系統的な水準測量が始められ翌年には面的な沈下の実態が明らかにされました．その後の沈下の経年変化を他の地域のものとともに示しますと，図 *4.8*[3)]のようです．

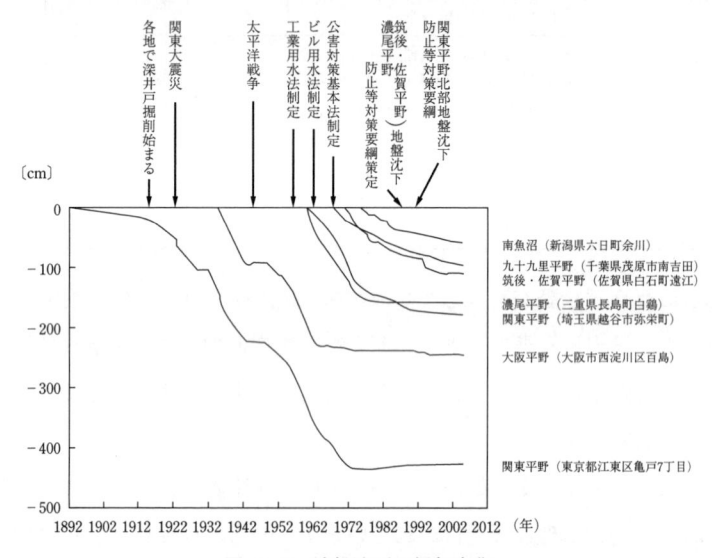

図 *4.8*　地盤沈下の経年変化

東京都，大阪市およびその周辺地域では，明治末期から昭和初期の間に地盤沈下が発生しはじめ，全般的には1935年～1940年の間に最盛期を迎えましたが，1941年ごろから急速に鈍化しはじめ，1944年ごろにはほとんど停止してしまい，その状況は終戦（1945年）後まで続きました．それまでの累計沈下量は，東京都江東区で約 2.5 m，川崎市で約 1.3 m，横浜市で 1 m，大阪市で 1.7 m に達していました．和達氏らが1939年に発表していた「地下水揚水が地盤沈下の原因である」ことが一般に受け入れられるようになったのは，この終戦前後の地盤沈下の停止という事実によって実証されてからのことです．戦

後の経済復興とともに地下水のくみ上げを再開したため，1950年ごろから東京都，大阪市を中心に地盤沈下が再び進行し始めました．

地下水の使用量が増え，地下水位が低下しますと，地下水面以下であった地盤の水圧が小さくなり，式（4.2）により有効応力は増えます．したがって，式（4.4）の Δp が大きくなり，沖積粘土地盤に圧密が起こり，地盤は沈下することになります．

地盤沈下による最も深刻な影響は，相対的に海面が高くなることによって高潮，津波による災害が増加し，河川勾配の変化によって排水不良，内水堪水などによる被害が出る恐れが大きくなることです．1947年の東京を襲ったカスリン台風，1950年大阪のジェーン台風，1959年名古屋に来襲した伊勢湾台風など，地盤沈下地帯にばく大な被害をもたらしました．

1956年に工業用水法が制定され，地下水の採取規制とそれに伴う工業用水道への水源転換が図られました．1962年に制定された建築物用地下水の採取の規制に関する法律でも，地下水の採取規制が行われました．これらの効果により，東京では1970年代から，大阪では1965年ごろから地盤沈下は鈍化ないし停止に近い状態となっています．最近では地下水位が十分に回復しており，それに伴い水圧の上昇による地下構造物への浮力の増大や浸透水の影響が問題になってきています．自然現象を人類の都合で改変することが難しい事例の1つです．

〔3〕 **廃棄物や建設発生土の処理処分と有効利用**[4]　私たちの日常生活により発生する「ごみ」は，2004年度には年間約5400万t排出されています．「し尿」の約2600万tと合わせて，これを一般廃棄物と呼んでいます．一方，産業活動から排出される廃棄物を産業廃棄物と呼びますが，これは一般廃棄物の約5倍の約4億1700万tも出ています．その他副産物・不要物が1億900万tあり，廃棄物の合計は約6億500万tにもなります．

産業廃棄物の排出量を業種別に見ますと，電気・ガス・熱供給・水道業などのライフライン関連が約22％，農業関連が約21％，建設業関連が約19％です．種類別では，汚泥が最も多く約45％，動物のふん尿が約21％，がれき類

が約 15 ％ を占めています。したがって，ライフラインの設置や建設業から，土系の廃棄物が多く排出されていると言えます。

環境省は循環型社会の姿として，これらの廃棄物の処理・処分に関してつぎの 3 R を提唱しています。

① リデュース（Reduce）：発生抑制＝廃棄物・副産物の抑制
② リユース（Reuse）：再使用＝廃棄物を部品等に繰り返し使用
③ リサイクル（Recycle）：再生利用
　　・マテリアルリサイクル：原材料としてリサイクル
　　・サーマルリサイクル：焼却処分しかない場合は熱回収

2004 年度の約 6 億 500 万 t の廃棄物のうち，②と③の再使用・再生利用されたものは約 2 億 4700 万 t（約 41 ％）です。焼却や脱水などにより減量化されたものは約 2 億 3800 万 t（約 39 ％），最終処分場に処分されたものは 3 500 万 t（約 6 ％）です。残りの 8 500 万 t（約 14 ％）は自然還元されたものです。

産業廃棄物の中で約 19 ％を占める建設廃棄物と産業廃棄物には含まれない建設発生土は，建設副産物と呼ばれています。これを図示すると図 **4.9** のよ

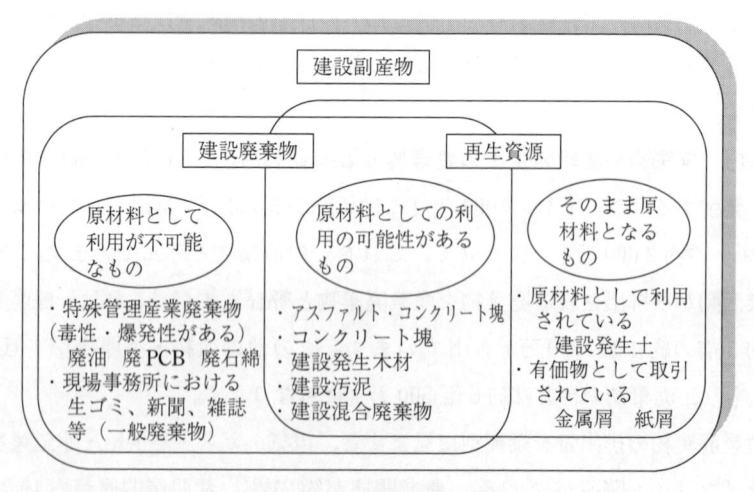

図 4.9 建設副産物の分類

うです[5]。

　この図に示されている「建設発生土」とは建設工事において搬出される土砂です。また，「建設廃棄物」にはアスファルト塊・コンクリート塊・建設汚泥・建設木材などがあります。

　2005 年度の建設廃棄物の発生状況は**図 4.10**[6]に示すとおりであり，アスファルト塊・コンクリート塊が約 80 ％ を占めています。これらの再資源化の状況は**表 4.3**[6]のようです。アスファルト塊・コンクリート塊は 2010 年度の目標をすでに 2005 年度時点で達成しています。それに比べて，建設泥土や建設木材の資源化率が低い状況です。

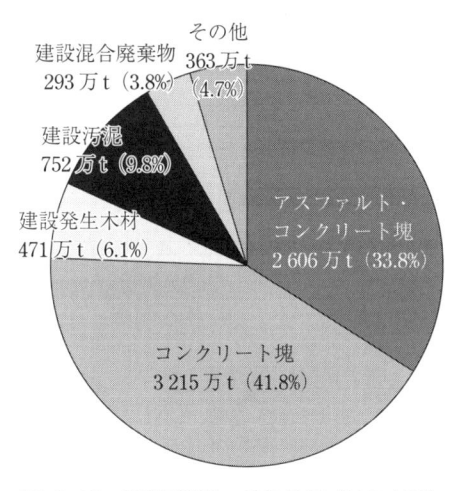

その他 363 万 t（4.7%）
建設混合廃棄物 293 万 t（3.8%）
建設汚泥 752 万 t（9.8%）
建設発生木材 471 万 t（6.1%）
アスファルト・コンクリート塊 2 606 万 t（33.8%）
コンクリート塊 3 215 万 t（41.8%）

図 4.10　建設廃棄物の発生状況（2005 年度）

　一方，建設発生土の 2005 年度の状況は，**図 4.11**[6]のようです。総搬出量 1 億 9 518 万 m³ のうち，工事間利用量は 4 986 万 m³，再資源化施設へは 876 万 m³ であり，残りは内陸受入地あるいは海面処分場に処分されています。総搬出量の約 30 ％ しか利用されていません。建設工事に必要な土は現場内利用を含めて 1 億 2 550 万 m³ であり，その約 37 ％ が土砂採取場から新材として搬入されています。新材購入量を減らして，工事間利用量を増やすことができれば，経済的にも環境負荷的にも一挙両得となります。

　表 4.4 は，建設発生土の土質区分と発生状況および適用用途基準を表して

表 4.3 建設副産物の再資源化状況

	2000 年度 実績値	2002 年度 実績値	2005 年度 実績値	2005 年度 目標値		2010 年度 目標値	
アスファルト・コンクリート塊の再資源化率	98 %	98.7 %	98.6 %	98 % 以上	達成	98 % 以上	達成
コンクリート塊の再資源化率	96 %	97.5 %	98.1 %	96 % 以上	達成	96 % 以上	達成
建設発生木材の再資源化率	38 %	61.1 %	68.2 %	60 %	達成	65 %	達成
建設発生木材の再資源化等率	83 %	89.3 %	90.7 %	90 %	達成	95 %	未達成
建設汚泥の再資源化率	41 %	68.6 %	74.5 %	60 %	達成	75 %	未達成
建設混合廃棄物の排出量削減率(2000 年度比)	(484.8万t)	30.4 %	39.6 %	25 %	達成	50 %	未達成
建設廃棄物の再資源化等率	85 %	91.6 %	92.2 %	88 %	達成	91 %	達成
利用土砂の建設発生土利用率		65.1 %	62.9 %	75 %	未達成	90 %	未達成

注 1) 再資源化率：建設廃棄物として排出された量に対する再資源化された量と工事間利用された量の合計の割合

注 2) 再資源化等率：建設廃棄物として排出された量に対する再資源化及び縮減された量と工事間利用された量の合計の割合

注 3) 利用土砂の建設発生土利用率：土砂利用量(搬入土砂利用量＋現場内利用量)のうち土質改良を含む建設発生土利用量の割合

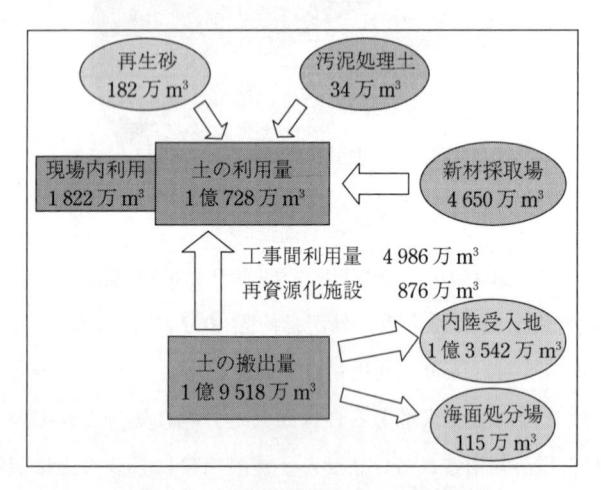

図 4.11 建設発生土の状況 (2005 年度)

います[7]。第 1 種から第 3 種までの発生状況が全体の約 80 % を占めており，これらはかなりの建設現場において，そのままの状態で利用可能なことがわかります。

表 4.4 建設発生土の土質区分と発生状況および適用用途基準

区分名		コーン指数 (kN/m^2)	土質材料の工学的分類		含水比(地山)(%)	2002年度の発生状況	適用用途基準										
							埋戻し		土木構造物の裏込め	道路用盛土		河川築堤		土地造成		鉄道盛土	空港盛土	水面埋立
区分	細区分		大分類	中分類			工作物	建築物		路床	路体	高規格堤防	一般堤防	宅地造成	公園・緑地造成			
第1種	第1種	—	礫質土	礫・砂質礫	—	33%	◎	◎	◎	◎	◎	◎	◎	◎	◎	◎	◎	◎
			砂質土	砂・礫質砂														
	第1種改良土		人工材料	改良土	—	—	◎	◎	◎	◎	◎	◎	◎	◎	◎	◎	◎	◎
第2種	第2a種	800以上	礫質土	細粒分まじり礫	—	39%	◎	◎	◎	◎	◎	◎	◎	◎	◎	◎	◎	◎
	第2b種		砂質土	細粒分まじり砂	—		◎	◎	◎	◎	◎	◎	◎	◎	◎	◎	◎	◎
	第2種改良土		人工材料	改良土	—	—	◎	◎	◎	◎	◎	◎	◎	◎	◎	◎	◎	◎
第3種	第3a種	400以上	砂質土	細粒分まじり砂	—	22%	◎	◎	◎	◎	◎	○	◎	◎	◎	○	◎	◎
	第3b種		粘性土	シルト・粘土	40程度以下		○	○	○	○	◎	○	◎	○	◎	○	○	◎
			火山灰質粘性土															
	第3種改良土		人工材料	改良土	—	—	◎	◎	◎	◎	◎	○	◎	◎	◎	○	◎	◎
第4種	第4a種	200以上	砂質土	細粒分まじり砂	40〜80程度	4%	○	○	○	△	◎	△	○	○	○	△	○	◎
	第4b種		粘性土	シルト・粘土	40〜80程度		△	△	△	△	○	△	○	△	○	△	○	◎
			火山灰質粘性土															
			有機質土															
	第4種改良土		人工材料	改良土	—	—	○	○	○	△	◎	△	○	○	○	△	○	◎
泥土	泥土a	200未満	砂質土	細粒分まじり砂	80程度以上	2%	△	△	△	△	△	△	△	△	△	△	△	○
	泥土b		粘性土	シルト・粘土	80程度以上		△	△	△	△	△	△	△	△	△	△	△	○
			火山灰質粘性土															
			有機質土															
	泥土c		高有機質土		—		×	×	×	×	△	×	×	×	×	×	×	△

[評価] ◎：そのままで使用が可能なもの
○：適切な土質改良を行えば使用可能なもの
△：評価が◎のものと比較して、土質改良のコスト及び時間がより必要なもの
×：良質土との混合などを行わない限り土質改良を行っても使用が不適なもの

5

建設材料への第一歩

5.1 建設材料とは

　シビルエンジニアリングのおもな役割である社会基盤を造るために使われる材料を「建設材料」と言います。建設材料には，古くから使われてきた石材や木材，土材料のような自然界に存在する材料から，プラスチックスのように人工的に合成された新しいものまで広い範囲のものが使われます。また，最近では繊維をコンクリートの中に混ぜて作る繊維補強コンクリートやポリマーに混ぜる繊維補強プラスチックス（FRP）のような複合材料や，図 5.1 のように2種類の材料（コンクリートと鉄）を組み合わせた構造物も建設されるようになってきました。

　この章では，石材，木材，土材料，金属材料，コンクリート，アスファルト

図 5.1　コンクリートと鉄で建設された斜張橋
　　　　（ギリシャ　リオ橋）

などの建設に用いられる主要材料の種類と性質について概略を説明します。

5.2　建設材料の歴史と分類

　建設材料としては，その時代，時代の最も信頼される材料が選ばれ，場合によっては改良が加えられて，最適な材料が使われてきました。

　歴史的に見て最初は，身近にある土や石，木などの自然材料が主たる建設材料として用いられたことは疑う余地がありません。人々の日常生活・交易に必要な道路や洪水を防ぐための堤防などに使われた土材料は，突き固めることで強さが増すことや水を通さない性質が現れることを自然に学び，文字のない時代であっても後世に伝承されていきました。石は，積み重ねることで石垣のような擁壁を造ることができ，さらにアーチ状に組めば大きな空間が確保できることを経験や工夫で学んだと思われます。近代に入り鋼の製造技術が発達して，圧縮に対しても引張りに対しても丈夫な構造材料である鉄鋼の利用が急速に伸びるとともに，天然材料に取って代わるようになってきました。現在では，コンクリートがほとんどの構造物に使用されるようになり，さらには高分子材料や複合材料が多くの構造物に使われるようになってきています。

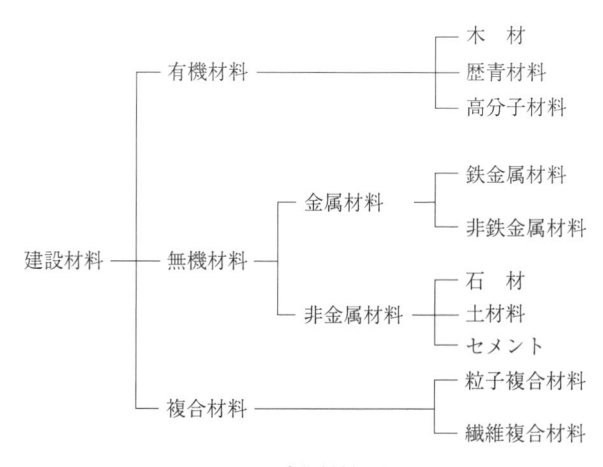

```
                              ┌─ 木　材
              ┌─ 有機材料 ─────┼─ 瀝青材料
              │                └─ 高分子材料
              │                         ┌─ 鉄金属材料
              │              ┌─ 金属材料 ┤
              │              │          └─ 非鉄金属材料
建設材料 ─────┼─ 無機材料 ────┤          ┌─ 石　材
              │              │          │
              │              └─ 非金属材料┼─ 土材料
              │                         └─ セメント
              │                ┌─ 粒子複合材料
              └─ 複合材料 ──────┤
                               └─ 繊維複合材料
```

図 5.2　建設材料の分類

88　5. 建設材料への第一歩

このような建設材料を分類してみますと，**図 5.2** のように有機材料，無機材料とこれらを組み合わせた複合材料に大きく分けることができます。

5.3 天然材料

シビルエンジニアリングは古代から高い技術があったことを **1** 章で述べましたが，建設材料の発達は中世以降まであまり活発ではなく，その後現在までに急速に発達しました。したがって，建設材料そのものは 3 000 年から 5 000 年以上の長きにわたって，依然として石材，木材，土材料などの天然材料が主流でした。

〔**1**〕**石　　材**　石材は，強さ，耐久性，耐摩耗性，外観などに優れているため，古くから石積みや石橋のような構造材料や敷石，壁材のような装飾材料として用いられてきました（**図 5.3**，**図 5.4**）。しかし，最近ではその用途をコンクリートに取って代わられ，使用される目的の大半はコンクリート用の骨材として用いられることが多くなっています。骨材とは，セメントに混ぜてコンクリートやモルタルを作る補充材料で，砂・砂利・砕石などを指します。

石材は，地殻を構成している岩石から作られます。その岩石の量は豊富ですが，それぞれの使用目的に適応する石材は産出する地方が限られています。そ

図 **5.3**　城砦や擁壁，石橋に利用された石材
（スペイン トレド市）

図 5.4 石材を組み合わせて造られた
ギリシャのパルテノン神殿

のため，昔から御影石，大谷石などのように産出する地方の名前が付けられています。石材は，他の材料と比較して重量が非常に大きく，運搬に多額の費用が必要となるところが欠点と言えますが，逆にこの重さが石垣などの材料には適しているのです。代表的な岩石の性質を**表 5.1**[1)]に示します。圧縮強さは相当高いことがわかります。**図 5.3** のように石材をアーチ状に組み合わせて建設する石橋には，この圧縮強さの大きいことを利用して古くから用いられています。一方，吸水率の大きい石材は，永年の間に風雨や凍結などの物理作用や化学作用によって風化するものもあり，用いる場所によって使い分ける必要があります。

表 5.1 代表的な岩石の性質

種類	密度〔g/cm³〕	吸水率〔%〕	圧縮強さ〔N/mm²〕
花崗岩	2.65	0.5	170
安山岩	2.62	1.4～3.2	230
凝灰岩	2.00	8.2～19.1	10～90
砂岩	2.30～2.72	0.20～4.1	70～290
石灰岩	2.70	0.2	150

〔**2**〕**木　　　材**　　木材は，縄文時代・弥生時代という古い時代から重要な建設材料として利用されてきました。佐賀県の吉野ヶ里遺跡や青森県の三内

丸山遺跡（図 5.5）では，復元された木造構造物からその当時をしのぶことができます。しかし，近年は，木材の代わりにコンクリートや鋼が使われるようになり，木造建築，公園などに架けられている木造橋の鞘橋（図 5.6）以外に見ることが少なくなってきています。

図 5.5 復元された縄文時代の木造構造（青森県 三内丸山遺跡）

図 5.6 香川県琴平町の木造橋（鞘橋）

建設材料として利用される木材は，大きく分けて針葉樹と広葉樹に分類されます。木材の分類と用途や特徴をまとめるとつぎのようになります。

（1） 木材の分類

1） 針葉樹……杉，松，檜の類があり，軟材で大材が取れることから建設材料として多く用いられます。

2） 広葉樹……欅，樫，楢の類で，硬材が多い。

（2） 用　途　橋げた，杭，枕木，支保工，土留め工，型枠，電柱，足場などに用いられます。木材は，単体で用いる以外に，材木を薄く削り出して単板（ベニア）やそれを接着剤で貼り合せた合板（プライウッド）によって，その用途を広げています。

（3） 特　徴

1）利　点

① 密度が小さいわりに強度が大きい（軽くて強い）。

② 熱伝導率が小さい。

③ 加工しやすい。上記の合板のように，製造方法によって大材が無駄なく得られます。

④ 供給量が豊富で入手も容易です。

⑤ 外観が美しい。

2）欠　点

① 燃えやすい。

② 腐りやすい。

③ 水分によって膨張・収縮します。

〔3〕**土　材　料**　土材料は，アースダム，道路の地盤材料や河川の築堤材料として大量に使われています。詳しくは地盤工学の専門書や教科書などに説明されていますので，ここでは，建設材料としての粘土製品について説明します。

粘土は岩石の風化によってできたもので，その品質により磁土，耐火粘土，砂質粘土に分類されます。磁土は陶磁器用に，耐火粘土は耐火レンガに，砂質粘土は普通レンガや陶管に使用されます。

粘土製品は，タイル，瓦，陶管，レンガに代表されるように，粘土を型枠に詰めて成型し，天日乾燥や人工乾燥の後，窯により高温で焼き上げたものです。一部の発展途上国では，日干しレンガのように太陽熱により乾燥させるだけで，建物の壁に利用しています。粘土製品は，固くて耐久的なのですが，割れやすく重いなどの短所もあります。現在では他の材料に取って代わられ，

わが国での使用量は少なくなっています。

図5.7は道路の舗装にレンガを用いたものです。街並みに馴染んで，落ち着いた感じがします。

図5.7 レンガ舗装（カナダ バンクーバー）

5.4 人工材料

〔1〕金属材料　金属材料のうち建設材料として重要なものは，鉄・銅・亜鉛・すず・アルミニウムと，これらの合金である真鍮（しんちゅう）・ジュラルミン・ステンレスなどです。金属材料を分類すると，鉄金属材料と非鉄金属材料に分類されます。建設材料に使用される鉄金属材料の大半は，銑鉄（せんてつ）から平炉・転炉などによって脱炭し，炭素を0.04〜2％程度含む炭素鋼あるいは炭素のほかにニッケル・クロムなどを含む特殊鋼です。鋼は強度が高く粘り強いため，構造用の建設材料としては最適と考えられています。

鉄の製造の歴史は古く，鉄器時代は，石器時代・青銅器時代に続く時期であり，BC 1000年以上前から現在まで続いていると言えます。鉄は，メソポタミア文明以降に繁栄したヒッタイト王国によって製造技術が発明され，わが国には古墳時代の6世紀ごろに朝鮮半島から伝えられてきたとされています。

土木技術としては，1779年にイギリスで完成したアイアンブリッジが有名ですが，その当時の技術では鉄製造時に燃料から混入する炭素量を減らすことができず，硬くて脆い鋳鉄（ちゅうてつ）が使用されました。鋳鉄は加工がしにくいことか

ら，炭素量を減らすために種々の努力が払われてきました．製鉄時の燃料として木炭から石炭そしてコークスを使用することにより，鋳鉄より炭素量を減らすことができ，鋳鉄より靱性の増した錬鉄(れんてつ)が製造されるようになりました．鉄の加工が容易になり，英国を中心として橋梁の建設材料として鉄が用いられるようになったのです．鋼の発明は1735年[2)]ですが，品質のばらつきが大きかったため1855年にベッセマーによる転炉法の発明，1858年，1865年にシーメンスやマルチンによって平炉法が発明されるまでは，錬鉄の時代が続きました．転炉法や平炉法の発明は，鋼の大量生産時代を導くことになり，現代にまでつながってきています．1998年に開通した全長3 911 mの明石海峡大橋は，2本のタワーの間が1 991 mもあり，世界最大の吊橋です．この橋の建設が可能になったのは鋼の品質改良によると言われています．

身近に見ることができる鋼板やH形鋼をはじめとする鋼製品は種類も多く，構造部材や装飾部材に広く使用されています．図 5.8 は，イタリアのミラノ駅構内ですが，鋼を中心とした巨大な建造物です．このように，鋼は現在の社会を基礎から支える重要な材料と言うことができるでしょう．

図 5.8 鋼鉄で造られた鉄道駅舎（イタリア ミラノ駅）

建設材料としての金属材料は鋼が中心ですが，鉄以外の金属材料も特殊な構造物やその部品として使用されています．例えば，軽量で耐候性のあるアルミニウムや銅は，それぞれジュラルミンや真鍮などの合金材料として使われています．

94   5. 建設材料への第一歩

〔2〕 **セメントコンクリート**[1)]　コンクリートとは，骨材と呼ばれる砂利，砕石や砂を接着剤の役割を果たすペースト（糊）で混ぜ固めたものです。したがって，ペーストの部分にセメントを水で練ったセメントペーストを使えばセメントコンクリート，アスファルトを使えばアスファルトコンクリート，ポリマーを使えばポリマーコンクリートになります。一般に，その使用量の多さと歴史的な背景から，コンクリートと言えばセメントコンクリートを指しますので，ここではセメントコンクリートを単にコンクリートと言うことにします。

コンクリートは，色が白あるいは灰色で冷たい感じがするため，最近では景観上，悪者にされている印象があります。しかし，材料の性質は強くて耐久性があり，しかも経済的であることから，建設材料としては鋼と並んでこれに取って代わるものはありません。また，重量感や安定感は安心・安全をもたらすものとして好印象を与えています。景観を考慮した設計や植物の生える植栽コンクリートなどを利用することにより，環境に優しいコンクリートと言われるようにもなってきています（**図5.9**）。

図5.9　景観にマッチしたコンクリート発電所
（カナダ　アルバータ州）

コンクリートの歴史は古く，セメントらしきものが世に出てきたのは約5 000年前の中国長江文明やエジプト文明の時代で，焼石膏（せっこう）と砂を水で混ぜて石積みの隙間に詰めたものや土間打ちのコンクリートとして用いられました。日本でも，叩（はた）きとか敲（たた）きとして用いられてきた三和土は，土と石灰と砂に水を

混ぜて敲いて固めたものです。

　現在のコンクリートの主材料であるセメントは，英国リーズのレンガ職人ジョセフ・アスプディンによって1824年に発明され，命名されたポルトランドセメントが原形となっています。ポルトランドセメントは，石灰質原料と粘土質原料の比を約4：1で混合して，回転窯（ロータリーキルン）で約1 450 °Cで焼き上げたクリンンカーに，約3％の石膏を混ぜて粉砕したものです。

　セメントには一般用の普通ポルトランドセメントのほかにも多くの種類があり，日本工業規格（JIS）には，ポルトランドセメント12種類，混合セメント9種類の計21種類のセメントが規定されています。このほかにも特殊な目的で使用されるセメントがあります。

　コンクリートの強さは，セメントペーストの濃度によって決まる（水セメント比説）ことが1919年にアメリカのダグ・エイブラムスによって発見されました。配合によって目的の強度を得ることができるのです。この発見は，コンクリートの製造技術を一気に向上させることになり，各種の構造物に採用されるようになりました。日本でもコンクリートは明治以降使われており，1900年に完成した神戸市の布引ダムは日本最古の重力式コンクリートダムです（図 **5.10**）。

図 **5.10**　100年が経過したコンクリートダム
　　　　　（神戸市 布引ダム）

コンクリートは圧縮には強いのですが，引張りには弱く，引張強度は圧縮強度の約 1/10 程度しかありません。鉄筋コンクリートは，この引張りが働く部分に鋼の棒（鉄筋）を配置することによりコンクリートの弱点を補おうとしたもので，1850 年にフランスの万国博覧会にコンクリート製のボートが出展されたのが最初と言われています。それは金網にモルタル（セメントペーストに砂を混ぜたのも）を貼り付けたもので，現在でもコンクリート船やヨットの材料として用いられています。

鉄筋コンクリート構造は，ひび割れを許容する構造ですので，引張りの働く部分にあらかじめ圧縮を溜めておく構造があります。このような構造をプレストレスコンクリートと言います。この構造だとあらかじめ溜めておく圧縮の大きさによってひび割れをまったく生じさせない構造が可能となるばかりでなく，コンクリートの全断面が有効に使えることからコンクリート製の長大橋（図 5.1）や超高層のビルの建設が可能となったのです。

現在のコンクリートには，性質を変える目的で，セメント，水，骨材以外に各種の混和材料が使われています。この混和材料には，薬のようにわずかな量で効果のある混和剤と，混入量が多い混和材があります。後者には，発電所などから産出される石炭灰や鋼を製造するときに産出される製鋼スラグのような産業副産物が利用されています。混和材料の中でも，高性能減水剤と呼ばれるものは，練混ぜ直後のコンクリートを従来のコンクリートに比べて非常に軟らかくすることができ，超高強度のコンクリートの製造に役立っています。

〔3〕 **高分子材料**　世界で初めての高分子材料は，1869 年に米国のハイアットが発明したセルロイドです。20 世紀前半には，ベークライト，尿素樹脂，スチレン樹脂，塩化ビニル，ポリエチレン，ポリエステルなどが，つぎつぎに発明され，工業化されてきました。一般の化合物の中で分子量が約 1 万以上（2 万～10 万）のものを高分子化合物（ポリマー）と言います。高分子化合物は，セルロース・ゴム・たんぱく質のような天然のものと，ナイロン・ビニロンのような繊維や合成樹脂あるいは合成ゴムなどのように人工的に合成される合成高分子化合物とに分類されます。このうち建設材料に使用されるのは，

ほとんどが合成樹脂です。これらは，分子量の小さい単量体（モノマー）が重合や縮合という化学反応による結合工程を経て，分子量の大きな化合物となるのです。合成樹脂は加熱し，押し付け，押し出しなどによって任意の形を作ることができるので，可塑物とかプラスチックスと呼ばれています。

　プラスチックスは，注型物・成型物・積層物・フィルム・接着剤・塗料の形で使用されています。また，プラスチックスは，密度が $0.9 \sim 2.0 \, \text{g/cm}^3$ で他の材料と比べて軽く，強さも木材程度はあり，着色が自由で，透光性，防水性，加工性，絶縁性，耐化学薬品性に優れているなど，多くの長所があります。一方，変形しやすい，熱に弱い，紫外線や雨水に弱いなどの欠点もあります。

　これらの欠点を補うために無機や有機の繊維を混ぜて補強した繊維補強プラスチックス（fiber reinforced plastics, FRP）が使用されるようになってきています。例えば，ポリエステルとガラス繊維を組み合わせたFRPは，密度が $1.8 \, \text{g/cm}^3$ 程度で軽く，しかも鋼に匹敵する $420 \, \text{N/mm}^2$ の引張り強さを有していることから，構造材料に利用されています。

　建設材料としてのプラスチックスは，硬質塩化ビニル管・ポリエチレン管のような管類，遮水板・止水板・型枠のような板類，砂防膜・防水膜のようなシート類のほか，接着剤，土の安定剤，ポリマーコンクリートなど多くの場所に利用されており，今後利用形態がさらに広がると期待される材料です。

〔4〕 **アスファルトコンクリート**　　歴青（れきせい）とは，天然あるいは人工の炭化水素であり，二硫化硫黄（CS_2）に溶ける物質と定義されています。色は黒く，常温では液体または半固体で，粘性，弾性，防水性に富んでいます。この歴青を含むすべての材料が歴青材料です。このうち，建設材料に用いられるのは，アスファルトとタールまたはそれらの乳剤（水などの液体に攪拌（かくはん）・懸濁させたもの）です。石油アスファルトはほとんど全部が歴青であり，コールタールは 80% 以上が歴青です。

　アスファルトの歴史は古く，紀元前のメソポタミアやインドにおいて天然アスファルトが道路舗装や防水材料として，また，エジプトでも防腐剤や接着剤

として使われていました。しかし，天然アスファルトは産出量が少ないため，広く使われることはありませんでした。19世紀に入り産業革命によって石炭が燃料として使われ出すと，副産物のコールタールが舗装に使われました。その後，石油が燃料の主役になるとともに，アスファルトの精製とその使用が増えていきました。

アスファルトは天然アスファルトと石油アスファルトに大別できます。天然アスファルトには，①アスファルト分を多量に含む原油が地上に噴出し，低地にたまって揮発分を失ったレイキアスファルト，②原油が流出するとき地層の割れ目にたまり，揮発分を失って固くなったアスファルタイト，③原油が石灰岩や砂岩の層理あるいは砂層にしみこんで揮発分を失ったロックアスファルト（図 5.11）あるいはサンドアスファルトがあります。

図 5.11 天然のアスファルト（ロックアスファルト）

一方，石油アスファルトは，原油を蒸留して作られるのですが，その蒸留方法によって，①原油中のアスファルト分に化学変化が起こらないように，蒸気を吹き込んで蒸留するストレートアスファルトと，②蒸留過程で空気を吹き込み，2〜5日間加熱して，アスファルトに酸化・重合・縮合の反応を起こすブローンアスファルトの2つがあります。

ストレートアスファルトは，アスファルト舗装の表層や基層材料であるアスファルトコンクリートに使用されています。ストレートアスファルトは弾力が

あるうえに変形性能がよく，自動車のゴムタイアとの相性が良いため，現在のところ最適の舗装材料と言えます。一方，ブローンアスファルトは，コンクリート舗装の継ぎ目材や構造物の防水剤として利用され，路盤に撒かれるプライムコートやアスファルト舗装の基層と表層とを付着させるためのタックコートなどに使用されています。

6

都市計画への第一歩

6.1 日本の都市計画の変遷

　わが国の都市整備は，様々な経験とそれぞれの時代の要請に応じながら長い年月を経て今日に至っています。

　都市計画として造られ，その姿が今日に残っている最も古い都市は，奈良盆地の北隅に位置する平城京で，710年に建設されました（**図6.1**）。その後長岡京を経て794年に平安京（現在の京都市）へと発展していきました。これら

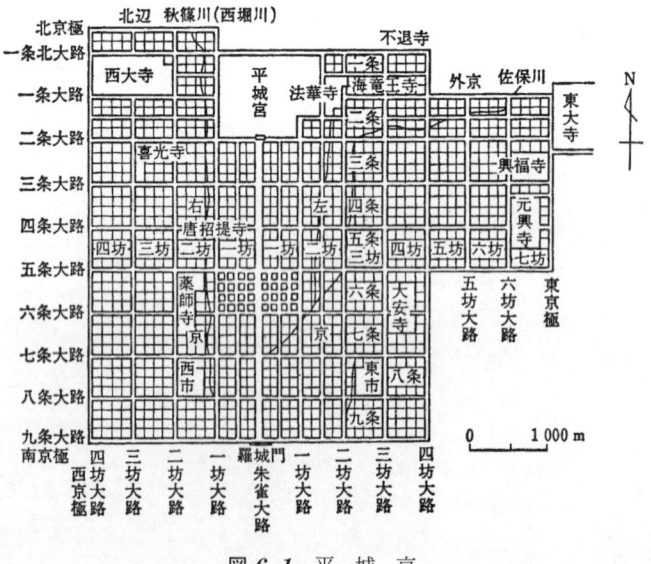

図 6.1 平 城 京

の都市は古代中国の首都長安を模したとも言われています。

戦国時代を迎え，地方の豪族は城を築き，商人・職人を集めて商工業を中心とした城下町を造りました。この形態は，中世ヨーロッパの城郭都市の影響を少なからず受けて建設されたものです。

江戸時代に入ると，封建制度の下に計画的な城下町が建設されるようになりました。江戸はもとより仙台，金沢，名古屋，彦根，熊本などが城下町として発展し，都市計画の形態を備えた都市が形成されました。

明治になって，ヨーロッパに見られるような工業を中心とした近代国家の都市形成を目指しましたが，長い鎖国が災いし，旧来の城下町のまま都市人口が増加し，市街地が無秩序に郊外へと拡大していきました。これらの問題を解決するために，明治政府は1888年に東京市区改正条例を公布し，東京の市街地の改造に取りかかりました。1919年には東京市区改正条例を改正し，新たに都市計画法と市街地建築物法（現在の建築基準法の前身）を公布しました。これに基づき，東京だけでなく大阪・名古屋・京都・横浜・神戸の6大都市をはじめ，全国の主要都市において，都市計画に着手し，今日の大都市へと発展してきました。

都市計画法・市街地建築物法の骨子は以下の7点で，わが国の都市計画の基本となっています。

① 都市計画法の適用を主務大臣の指定する市まで広げました。
② 都市計画区域を定めました。
③ 用途地域をはじめ地域地区の制度を創設しました。
④ 都市計画と都市計画事業を分離し，都市計画そのものに法的規制力（都市計画制限）を持たせました。
⑤ 土地区画整理を制度化しました。
⑥ 土地収用法を適用し，工作物収用，超過収用も可能にしました。
⑦ 受益者負担制度を設けました。

この法律が最も効を奏したのは，1923年9月1日に発生した関東大震災からの首都東京の復興事業でした。関東地方南部を襲ったこの大地震では，死

者・行方不明142 800名，全壊建物128 000棟，全焼建物447 000棟という未曾有の大災害がもたらされました。この災害の復興計画の実施では，個人の土地の所有権が制限（都市計画制限）されました。また，災害に強い都市の建設に向けて実施された区画整理事業は，東京で3 000 ha，横浜で250 haと広大な面積において，7年間の歳月を費やして道路や公園などの公共空間を確保し，戦前の首都東京の建設に大きな力となりました。同様の手法は，1995年1月17日に発生した阪神・淡路大震災における復興計画でも用いられ，災害に強い新しい神戸を造り上げました。

1950年に市街地建築法が建築基準法と改められて，土地利用計画において住居地・商業地・工業地を色分けすることにより，地域制を重視するようになりました。1969年には，都市計画法の旧法が廃止され，同じ名称の法律が新たに定められました。旧都市計画法による都市計画は，国防を重視していたもので，どちらかというと国家を中心としていたのに対し，新都市計画法では国民の生活の安全に重きを置くものとなっています。

わが国の経済は，1980年代後半～1990年代初頭に好景気（いわゆるバブル景気）を迎え，過剰な投機熱による資産価格の高騰（バブル経済）によって支えられていました。しかし，1992年には，その崩壊（バブル崩壊）とともに急激に景気が後退し，その後の平成不況（複合不況，失われた10年）の引き金となりました。この不況下に地域商業の保護と育成のために，1998年にはまちづくり3法が施行され，都市計画法も改正されました。まちづくり3法とは，①ゾーニング（土地の利用規制）を促進するための改正都市計画法，②生活環境への影響など社会的規制の側面から大型店出店の新たな調整の仕組みを定めた大規模小売店舗立地法（大店立地法），③中心市街地の空洞化を食い止め活性化活動を支援する中心市街地活性化法の3つの法律の総称です。

新都市計画法と改正都市計画法の目的は，その第1条に「都市の健全な発展と秩序ある整備を図り，もって国土の均衡ある発展と公共の福祉の増進に寄与することを目的とする」とうたっています。また，基本理念はその第2条に，「都市計画は，農林漁業との健全な調和を図りつつ，健康で文化的な都市生活

および機能的な都市活動を確保すべきこと，ならびにこのためには適正な制限のもとに土地の合理的な利用が図られるべきこと」と定められています。

都市計画の範囲は大きく分けて，①土地利用に関するもの，②道路・鉄道・上下水道など都市施設に関するもの，③市街地開発事業に関するものとなっています。①の土地利用を例にとれば，これまでの住居・商業・工業の地域制に準工業地域が加わりました。また，特別用途地区（文教・特別工業地区）が追加され，さらには高度地区，高度利用地区などの新しい地域地区制が導入され，建物の高層化・高集積化など都市の性格・規模などの特色を生かした都市計画ができるようになりました。

改正都市計画法は，都市の健全な発展を目的としていますので，社会状況の変化に合わせ毎年のように法律の一部が改正され，社会の要請に応えています。

6.2 土地利用計画

都市の無秩序な開発を防ぎ，計画的な都市の発展を促すためには，個人の土地利用の形態を制限し，都市の居住性を高め，全体として市民の安全と快適な生活空間を確保する必要があります。このことは，土地の利用を計画的に行い，都市としての機能を地域的に分化し，都市全体として総合的に調整することによって都市計画の目的を達成しようとするもので，都市計画実現のために最も重要な点です。例えば，良好な居住空間が求められる住宅地に隣接するような工場の立地は，騒音・振動や大気汚染などによる公害問題の発生を招き，住民の生活を脅かし，あるいは企業の生産性向上を妨げる結果にもなります。このような場合に，住宅地と工業地の間に緑地などの緩衝地帯を設け，良好な居住環境を確保するように土地利用を計画します。

土地利用計画の目的は，都市のそれぞれの地域がどのような土地利用を達成すべきか定めることであり，さらに，土地利用の将来のあり方を都市のマスタープランとして位置づけ，市民が求める都市像に近づけ，秩序ある都市の発展を促すことです。

104　　6. 都市計画への第一歩

第一種低層住居専用地域
低層住宅の良好な環境を守るための地域です。小規模な店舗や事務所を兼ねた住宅や小中学校などが建てられます。

第二種低層住居専用地域
主に低層住宅の良好な環境を守るための地域です。小中学校などのほか、$150m^2$ までの一定の店舗などが建てられます。

第一種中高層住居専用地域
中高層住宅の良好な環境を守るための地域です。病院、大学、$500m^2$ までの一定の店舗などが建てられます。

第二種中高層住居専用地域
主に中高層住宅の良好な環境を守るための地域です。病院、大学などのほか $1500m^2$ までの一定の店舗や事務所などが建てられます。

第一種住居地域
住居の環境を守るための地域です。$3000m^2$ までの店舗、事務所、ホテルなどは建てられます。

第二種住居地域
主に住居の環境を守るための地域です。店舗、事務所、ホテル、パチンコ屋、カラオケボックスなどは建てられます。

準住居地域
道路の沿線において、自動車関連施設などの立地と、これと調和した住居の環境を保護するための地域です。

近隣商業地域
近隣の住民が日用品の買物をする店舗等の業務の利便の増進を図る地域です。住宅や店舗のほかに小規模な工場も建てられます。

商業地域
銀行、映画館、飲食店、百貨店、事務所などの商業等の業務の利便の増進を図る地域です。住宅や小規模の工場も建てられます。

準工業地域
主に軽工業の工場等の環境悪化の恐れのない工業の業務の利便を図る地域です。危険性、環境悪化が大きい工場のほかは、ほとんど建てられます。

工業地域
主として工業の業務の利便の増進を図る地域で、どんな工場でも建てられます。住宅や店舗は建てられますが、学校、病院、ホテルなどは建てられません。

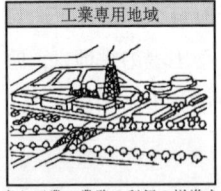

工業専用地域
専ら工業の業務の利便の増進を図る地域です。どんな工場でも建てられますが、住宅、店舗、学校、病院、ホテルなどは建てられません。

図 **6.2**　12種類の用途地域のイメージ図（豊田市都市計画課　提供）

都市計画法では，無秩序な市街化を防ぎ効率的な土地利用に誘導するために① 区域区分，② 地域地区，③ 促進地域を定めています。

〔1〕 **区域区分**　　一般的に「線引き」と言われており，都市計画区域をつぎの2つに区分しています。この区分は無秩序な市街化の進展を防ぐためのもので，都市計画制限として土地所有者の私権を制限するものとして注目されています。

① 　市街化区域　　すでに市街地を形成している区域，およびおおむね10年以内に優先的かつ計画的に市街化を図るべき区域

② 　市街化調整区域　　市街化を抑制すべき区域

〔2〕 **地域地区**　　都市計画区域については，都市計画においていくつかの地域や地区または街区を定めることになっています。代表的な地域は用途地域と言われるもので，図 **6.2** にイメージを示すように，建物の用途を制限する12種類の地域があります。建築基準法別表第二でも用途地域内の建築物の制限（第27条，第48条関係）が定められており，都市計画制限として土地所有者の私権を制限しています。

また，用途地域では建物の種類の制限に加えて，敷地に対する建物平面の面積の比を定めた「建ぺい率」，および建物の延べ床面積に対する敷地面積の比を定めた「容積率」などでも制限されます。

一方，都市計画に定められる地区や街区としては，特別用途地区，高度地区，特定街区，景観地区，風致地区，駐車場整備地区，臨港地区，歴史的風土特別保存地区などがあります。

6.3　都市交通施設の計画

1 章では，シビルエンジニアリングの技術によって造られる施設をインフラストラクチュアと呼びました。都市計画の立場ではこれらを都市施設と言うことが多く，道路や鉄道がその代表です。このような都市施設を都市計画として定めることにより，土地所有者などに一定の制限を課し，公共事業として事

業が実施でき，都市施設の建設がスムースに行えます．都市計画で定めることができる代表的な都市施設を機能別に**表 6.1** に示します．

表 6.1 都市施設の種類

1	交通施設	道路，都市高速鉄道，駐車場，自動車ターミナル，その他
2	公共空地	公園，緑地，広場，墓園，その他
3	供給，処理施設	水道，電気供給施設，ガス供給施設，下水道，汚物処理場，ごみ焼却場，その他
4	河川，水路	河川，運河，水路，その他
5	教育文化施設	学校，図書館，研究施設，その他
6	医療，社会福祉施設	病院，保育所，その他
7	市場，と畜場または火葬場	
8	一団地の住宅施設	一団地における50戸以上の集合住宅，およびこれらに付帯する通路その他の施設
9	一団地の官公庁施設	一団地の国または地方公共団体の建築物，およびこれらに付帯する通路その他の施設
10	流通業務団地	
11	その他	電気通信事業の用に供する施設，防風，防火，防水，防雪，砂防，防潮の施設

都市施設の中でも交通施設は通勤・通学・買物・通院などの日常生活に重要な役割を果たすとともに，地域の経済活動・生産活動に重要な役割を果たしています．

都市交通は，つぎの特色を持つことが知られています．

① 通勤・通学・買物などのように出発地（居住地など）と目的地（勤務先など）が比較的近く，この間の移動（交通）が大部分です．

② これらの交通は朝夕のラッシュが示すように特定の時間帯に集中し，周期性を持っています．

③ 都心部や特定施設に集中します．

移動に利用する交通手段から分類すると，鉄道・地下鉄・新交通システム・路面電車・バスなどの公共交通手段と，自動車・自動二輪車・自転車・徒歩などの私的交通手段に分けられます．また，移動目的からの分類では，通勤・通

学・業務・日常・非日常・帰社・帰宅があります。

交通施設計画では，利用交通手段・利用時間帯・出発地と目的地・運ぶ物の有無など交通の特徴を調査して，調査結果に基づき将来の交通のあるべき姿を定めて，道路・鉄道・バスなどの総合的な都市交通計画を立案します。

〔**1**〕**交通手段**　異常気象に伴う集中豪雨や大型の台風による被害が世界中で生じてきており，これらの原因の1つとして，温室効果ガスである二酸化炭素（CO_2）の排出が大きな社会問題になっています。運輸部門での温室効果ガスの排出量は，工場や家庭から排出される二酸化炭素を大幅に超え，全体の30％近くに達しています。特に，自動車による二酸化炭素の排出は深刻であり，低燃費の車両の開発に自動車メーカはしのぎを削っています。最近ではモータとエンジンの双方による低燃費のハイブリッド車の導入がなされてきています。

シビルエンジニアリングの立場では，温室効果ガスをはじめ交通問題の解決のために，従来は道路整備など交通の供給側からの対応がなされてきました。近年は，それに限界が生じたため，交通の需要側からの対応という発想が生まれてきました。これを交通需要マネージメントと言います。これは，自動車利用者の行動を変えることにより，交通問題を解決する手法であり，交通手段やその効率の面からは，パークアンドライド・相乗り・カーシェアリングなどが積極的に行われるようになってきました。

パークアンドライドとは，自動車等を郊外の鉄道駅またはバス停に設けた駐車場に停車させ，そこから鉄道や路線バスなどの公共交通機関に乗り換えて目的地に行く方法です。図 **6**.**3** は，移動距離と交通手段との関係を示したものです。移動距離が長くなるほど，公共交通機関の輸送力が増えますので，この手段が有効になります。

一方，相乗りは，一台の乗り物に複数人数が一緒に乗り合わせることです。通常は，近所の人など，他人どうしが一台の乗り物に乗ることを指し，家族や同居人などが一台の乗り物に乗る場合や，路線バスなど，業として複数の人間を運送する場合は含みません。

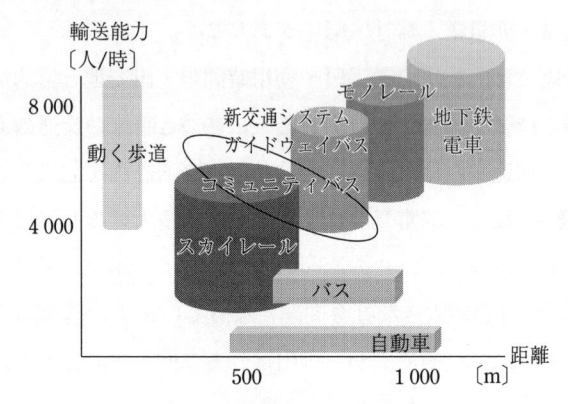

図 **6.3** 都市内交通の交通手段分担

カーシェアリングは，あらかじめ登録した会員だけが利用できる自動車を貸し出しするシステムです。一般的に家庭において，自家用車が使用されているのは，1日平均で1〜2時間ぐらいと言われるほど，車は非常に稼働率が低いものです。この稼働率を少しでも高める有効な手段として，カーシェアリングが実施されています。

〔**2**〕 **交通需要予測** 都市施設は都市の人口が多ければ施設を利用する人も多くなり，施設規模も当然大きくなります。したがって，現在の都市施設の利用状況を把握し，10年後，20年後の利用状況を予測し，予測結果に基づき都市施設の規模やサービスの水準を決める必要があります。

例えば，私たちの日々の生活になくてはならないものの1つに水があり，都市の人口規模に応じた浄水場施設の規模を決める必要があります。将来人口を予測して一人当りに必要な水の量を決めれば，浄水場の規模は将来人口に一人当りの水の使用量を乗じることにより求まります。同様に，道路の場合も将来人口が予測できれば，将来人口に自動車の利用率（自動車分担率）を乗じることにより，将来の自動車交通量が求まります。道路の場合は，将来人口の予測に加えて，出発地と目的地の間の移動を予測する必要があり，単に将来人口を予測すれば道路の計画ができると言うものではありません。いろいろな観点から交通の実態をとらえ，将来の交通需要を予測する方法は**表 6.2**に示すよう

表 6.2 交通需要予測の方法

交通需要モデル	モデルの概要
四段階推定法	都市施設計画の対象となる地域をいくつかの地区（ゾーン）に分け，それぞれのゾーンにおける夜間人口や職業別従業者数などとそのゾーンから他のゾーンに移動する人口との関係を集計化して将来の交通量を予測する方法で，発生交通量の予測，分布交通量の予測，分担交通量の予測，配分交通量の予測の四段階です。
非集計交通需要予測モデル	交通行動をする人に着目し，年齢，男女別，運転免許の有無などの個人情報と自動車かバスや鉄道といった公共交通機関を利用したかの関係から，交通機関別の交通行動をモデル化して将来の交通機関別利用者を予測する方法です。

に，①四段階推定法，②非集計交通需要予測モデルが一般的です。

　将来の交通需要を予測するこれらのモデルは，対象地域に居住する人の平均的な一日の交通行動を知ることが不可欠で，この調査をパーソントリップ調査と言い，個人属性（年齢，性別，自動車の有無など），起終点（出発地，目的地），交通目的，利用交通手段（徒歩，バス，地下鉄，自動車など），出発時刻・到着時刻，所要時間などをある特定な一日について調査します。調査は全数調査ではなく，都市規模により多少変化しますが，5歳以上の夜間人口の約4％程度を抽出して行われます。

　最新の交通需要予測の研究では，人の行動理論を適用し将来の交通行動を予測する非集計モデルにより，経済的な変化や環境問題などをモデルに取り込み，自動車の排気ガスによる環境問題を見すえた交通施設の計画に利用されるようになってきています。

6.4 都市環境

　私たちの地球は，温暖化・砂漠化・大気汚染・海洋汚染など，環境が悪くなってきており，このままでは美しい地球を取り戻すことができない状態になってしまいます。地球は本来，自らをきれいにする自浄作用を持っており，環境の悪い状態が自浄作用より低ければ，持続可能な状態が保たれ，永遠に美しい

地球を維持することができます。特に、閉鎖性の高い水域や都市大気環境などでは、汚染を地球が持つ自浄作用以下に保つ必要があります。

〔**1**〕 **都市の温暖化を防ぐ都市計画**　地球温暖化の原因の1つと考えられている都市のヒートアイランド現象は、都市域のアスファルト道路やコンクリートで造られたビルなどが太陽から受ける赤外線により温められ、さらには化石燃料を使用する自動車や工場から排出される温室効果ガスで作られる大気層の間に、空調機器の排熱などが蓄熱されて起こります。したがって、ヒートアイランド現象を防ぐためには、都市化による高温化を防ぐ都市計画を策定するとともに、工場・家庭・都市交通などにおいてエネルギー消費の削減が求められます。

都市計画の立場から見ると、超高層ビル、中低層ビル、河川、公園、道路・鉄道などの配置により都市におけるエネルギー消費量が変わります。特に、用途地域の指定では、運輸部門のエネルギーを最適にする都市施設の配置を考えることができます。東京都品川区では、**図 6.4**に示すように、東京湾から川に沿って都心に流れ込む風の流れを分散させることを目指して、目黒川沿いのビルの壁面が川に対して小さくなるように建設することを指導し、ヒートアイランド現象を抑制しています。

〔**2**〕 **都市交通政策による環境対策**　1997年に京都国際会議場で開催されたIPCC（気候変動に関する政府間パネル）の会議において、地球温暖化防止のための枠組みとして、二酸化炭素などの温室効果ガスを地球規模で減らすための目標値が設定されました。いわゆる京都議定書と言われるものです。その後、150以上の国々がこれを批准し、2005年2月に発効されました。この約束により、わが国も2008年〜2012年には温室効果ガス排出量を1990年比マイナス6％に削減する義務があります。2005年度の調査では、逆に1990年比7.8％の増加になっており、目標達成に向けた格段の努力が必要です。

わが国の二酸化炭素の排出量を部門別にみると、産業部門48％、民生部門23％、運輸部門19％となっています。この中で、産業部門はほぼ目標を達成しているのですが、その他の部門では二酸化炭素排出量が増加しています。特

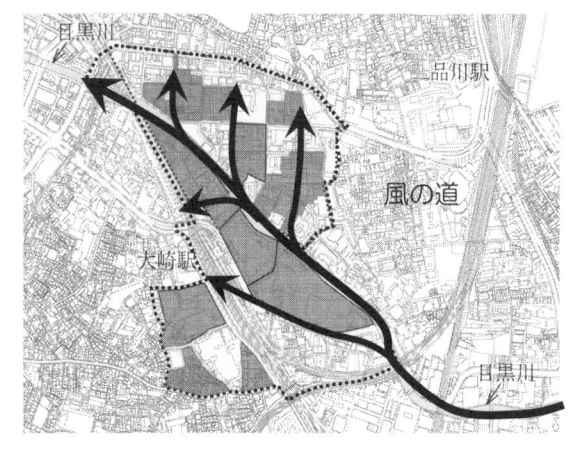

図 6.4 品川区目黒川沿いの建物配置
(品川区役所都市開発課 提供)

に，自動車の排出ガスが多く占める運輸部門の削減に期待が集まっています。低燃費のハイブリッドカーの普及を進めるとともに，6.3 節〔1〕で説明したように都市内交通での自動車交通を抑制し，バスや地下鉄などの公共交通への交通手段の転換を促進する都市交通政策が求められています。

7

環境問題への第一歩

7.1 シビルエンジニアリングと環境都市

　人々が生活する空間をここでは「都市」と呼び，その環境問題に焦点を当てるために，特に「環境都市」という言葉を使います。シビルエンジニアを目指すみなさんは，「環境都市」からどのような都市をイメージしますか。市民の生命が安全で，安心して生活することができる都市，市民一人一人が地球環境のことを考えて生活している都市，あるいは他の生き物と共生して人々が生活している都市など様々でしょう。

　市民の生命や健康を脅かす要因にはどのようなものがあり，どの程度のリスクがあるのでしょうか。種々の要因とその人口10万人当りの年間死亡者数を**表7.1**[1]に示します。上位には，市民のライフスタイルに大きく依存している嗜好品や生活習慣に起因する疾病があります。つぎに，日常生活での不慮の事故，交通事故や地震などの自然災害が続いています。前者は人の生命・健康（医学），後者はシビルエンジニアリング（工学）の課題であり，これらの複合領域を都市医学[2]の分野と言います。

　では，安全・安心な街づくりに，シビルエンジニアリングがどれほど貢献できるのでしょうか。近年，世界各地で台風や豪雨，竜巻，地震，津波などの自然災害が発生し，人命のみならず社会基盤施設にも多大な被害を与えています。特に，道路・鉄道，上下水道，送電施設といったライフラインが寸断され，市民生活に影響を及ぼしています。確かに，医学の進歩によって死亡リス

7.1 シビルエンジニアリングと環境都市

表 7.1 10万人当りの年間死亡者数

1	飢餓（世界全体）	1 460		15	他殺	0.52
2	喫煙（喫煙者）	365		16	ダイオキシンなどの有害物質	0.3
3	がん	250		17	コーヒー	0.2
4	肥満	140		18	自然災害	0.1
5	心臓病・血管関係の病気	127		19	HIV/エイズ	0.04
6	アルコール飲料	117		20	航空機事故	0.013
7	自殺	24		21	食中毒	0.004
8	交通事故	9		22	残留農薬	0.002
9	窒息	6.9		23	落雷	0.002
10	転倒・転落	5.1		24	一酸化炭素中毒	0.000 8
11	地震（阪神淡路大震災）	5		25	サプリメント・痩せ薬	0.000 8
12	ディーゼル微粒子	2.8		26	食品添加物	0.000 2
13	入浴	2.6		27	原子力関係の事故	0.000 08
14	火事	1.7		28	BSE	0.000 000 1

クは軽減されていますが，それはまた，都市の安全に関する工学技術の向上と社会資本整備の成果です．死亡リスク以外にも市民の生活基盤を揺るがす要因はたくさんあります．しかし，それらを調査・研究し，対策を講じているからこそ，市民は安心して生活できているのです．

また，**表 7.1** を見ると世界的には飢餓による死亡リスクが圧倒的に大きいことがわかります．わが国のライフスタイルが，海外からのエネルギー・資源や食糧輸入を通して，地球規模の気候変動に対して影響を与えています．これらを輸入に頼らざるをえないわが国は，様々なリスクを諸外国と共有しています．近年，中国をはじめとして多くの新興国が急激な経済成長を遂げ，国境を越えた環境問題が起こっています．その影響は自国内の公害問題にとどまりません．農薬汚染した農産物の輸入や大気汚染の越境問題など，もはやわが国の国内のみの対策では不十分な時代です．このようなエポックをわれわれは幾度となく経験しています．江戸時代の鎖国期間に構築された物質循環の仕組みや日本の近代化に伴う足尾銅山鉱毒事件，第二次世界大戦後の復興期に顕在化した水俣病[3]をはじめとする公害問題など，過去の歴史に学ぶことは重要です．

さらに、他の生き物との共生について考えることは、「真に豊かな生活とは何か」を考えるうえで重要です。人間活動や自然災害によって自然生態系の荒廃も深刻ですが、われわれに迫る危機に対して、まず他の生物が警鐘を鳴らしています。2007年に生誕100周年を迎えたレイチェル・カーソン女史[4]は、その著書「沈黙の春」の中で、当時の農薬汚染による生物界の危機的状況を「発がん性物質の海」であると比喩し、ヒューパー博士の「その状況がパスツールやコッホの偉大な業績以前の19世紀の終わりに流行した伝染病（コレラ）と似ている」という言葉を引用しています。また、ジョン・スノーというロンドンの医者がコレラ発生の地図を作り、その発生源である井戸を突き止め予防策を取ったことを高く評価しています。これは、当時未発見であったコレラ菌の侵入を疫学的見地に基づいて緊急的に対応した事例であり、その後、科学的見地に基づいて原因が究明されました。ある問題に対して「予防」と「治療」という2つの側面の重要性を唱えています。

このように、都市が安全・安心であるためには、地球環境を考えることや、他の生き物との共生を考えることと無縁ではありません。幅広い科学知識とグローバルな視点が、シビルエンジニアリングに要求されています。

7.2　環境問題の学習内容

環境都市の視点から見ますと、シビルエンジニアリングとは、市民の生命の循環を補償するために、都市の健全な水循環、物質循環、人や他の生物の生命の循環を保全する工学と位置付けられます。「ものづくり」に重点を置けば、数学や物理学がその基礎となります。「環境づくり」に重点を置けば、幅広い科学知識、環境科学に関する知識が必要です。さらに、人々の暮らしを理解するために、科学分野の知識だけではなく政治・経済や歴史について理解することも大切です。種々の環境問題や環境保全に携わる技術者像とはどのようなものでしょうか。おそらく一人の技術者ですべてが事足りることはないでしょう。例えば、医療の世界では、一人の天才外科医では限界がありますので、チ

ーム医療の重要性が指摘されています。この考え方は市民のための工学であるシビルエンジニアリングの原点ではないでしょうか。

このように，人や他の生物の生命を脅かし，地球規模で拡大する環境問題を解決するために，シビルエンジニアリングの環境分野において学習すべき内容は以下のとおりです[5]。

① 環境を構成している要素とは何か，それらの要素と人や他の生物の生命・生活とのかかわりについて理解します。
② 廃棄物や廃エネルギーが資源の生産から廃棄に至るまでの間に，環境要素中をどのように伝播していくかについて理解します。
③ 環境問題に対して対策を講じない場合に，将来，市民の生命や生活がどのようなレベルに達し，どのように健康や生活に影響を及ぼすかを把握します。
④ そのためには，過去に引き起こされた公害問題や環境問題について，その社会・経済的背景，人的被害の状況およびその対応の歴史などについて調べ，理解を深めます。
⑤ 汚染物質，汚染エネルギーのレベルを定量的に表現する環境指標について，測定方法，数値の持つ意義，環境基準について理解します。
⑥ 汚染物質による環境汚染の程度を基準値以下に軽減する処理技術，汚染防止技術について理解します。
⑦ 環境をいかに管理・制御していくかを総合的に判断します。

7.3 環境都市と人の身体

琵琶湖博物館[6]では，湖の歴史と環境，そこに住む人々の暮らしの歴史，生息している生き物の暮らしについて学ぶことができます。そこには，縮尺1万分の1の航空写真を床に取り付けて，琵琶湖流域全体が一望できる展示室があります。流域に暮らす人がわが家と琵琶湖との位置関係を認識しながら，河川がどのように流れて湖に注いでいるのか，道路や鉄道がどのように敷設されて

いるのか，森林，水田，住居がどのように広がっているかなどを細かに見ることができます。この流域は先に述べた環境都市でもあります。

本節では，このような流域すなわち環境都市を人の身体に擬えて，都市の基本的な環境施設とその環境問題ついて，アナロジー的に見てみましょう。アナロジーとは，よくわかっている類似の状況を利用して未知の状況を認知・理解する方法を言います。

具体的には，上水道，下水道，清掃工場，廃棄物埋立て処分場などの機能と役割および環境問題とのかかわりを取り上げます。

〔1〕 **都市施設のアナロジー的表現**[7]　幹線道路や道路網は都市の基本構造を決定していますので，われわれの身体を支えている骨格と言えます。高速道路・鉄道・港湾などの輸送施設は様々な生活物資を運んでいますので，胃や腸などの消化器系（図7.1）としましょう。都市の上流にある森林や浄水場はきれいな水や空気を作りますので，呼吸により血液中の二酸化炭素を酸素に交換している肺に当たります。森林や浄水場から流れ出ている水は，酸素とその地域の地質を反映したミネラル分を含んだおいしい水，健康に良い水であり，きれいになった血液と言えるでしょう。そして，ダムなどの貯水施設は，きれいになった血液を送り出している心臓です。食糧生産を行う農地やものづくりを行う工場は，糖・たんぱく質・脂質・ホルモンの代謝，有害物質の解毒，血液の貯蔵などの働きをする肝臓に相当します。ダムや浄水場から水を配水される水田・工場・家庭は，血管を通して運ばれる酸素やエネルギー源を消費する

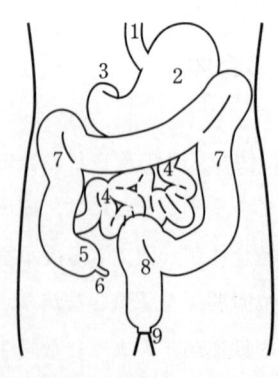

1.食道 2.胃 3.十二指腸
4.小腸 5.盲腸 6.虫垂
7.結腸 8.直腸 9.肛門　　図7.1　消化器系

個々の細胞であると考えられます。都市の機能が集中している中心市街地は，脳に当たるでしょう。

さて，シビルエンジニアリングは，流域で起こっている様々な問題を考え解決せねばなりません。細胞である水田や工場，家庭で使用された水はどうなりますか。老廃物はリンパや静脈を通じて腎臓に運ばれ排泄されます。都市では下水道がその役割を担っています。「老廃物の排泄」は水質浄化を意味しており，「体の水分を一定に保っている」と言うのは雨水排除機能を意味していると考えることができます。このようなアナロジーによって，人の健康と都市の健全さについて理解してみてはどうでしょう。

〔2〕 上水道（循環器系・血液系）　3.3節〔1〕において，「安全な水の供給」について述べました。ここでは，環境都市の施設としての上水道について取り上げます。水の流れを血液の流れに見立て，水循環を人の循環器系（図 7.2）にたとえることができます。環境都市の施設としての「上水道」には表 7.2[8)]のような機能があり，上水道にかかわる水循環は，右心房（貯水）→右心室（取水）→肺動脈（導水）→肺（浄水）→左心房（送水）→左心室（配水池）→大動脈（配水）→毛細血管（給水）と考えることができます。

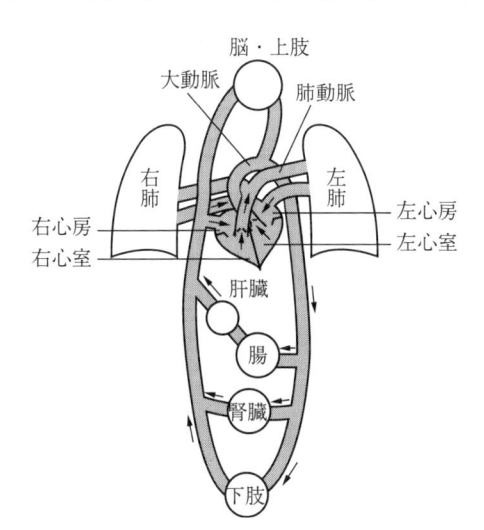

図 7.2　循環器系

表 7.2 上水道施設の機能

貯水施設	水道の原水を貯留するためのダム等の貯水池，原水調整池等の設備およびそれらの付属設備
取水施設	水道の水源である河川，湖沼，地下水等から水道の原水を取り入れるための取水堰，取水塔，取水枠，浅井戸，深井戸，取水管，取水ポンプ等の設備およびそれらの付属設備
導水施設	取水施設で取り入れた水を浄水施設へ導くための導水管，導水路，導水ポンプ等の設備およびそれらの付属設備
浄水施設	原水を人の飲用に適する水として供給しうるように浄化処理するための設備で，凝集，沈殿，ろ過のための設備，浄水池，浄水場内のこれらの設備間の連絡管等の設備，消毒設備およびそれらの付属設備
送水施設	浄水施設で浄化処理された浄水を配水施設に送るための送水管および送水ポンプ等の設備およびそれらの付属設備
配水施設	一般の需要に応じた必要な水を供給するための配水池，配水管および配水ポンプ等の設備およびそれらの付属設備

　日本の水道の歴史は，1590年徳川家康の命で小石川上水が飲料用の水道として建設され，神田上水の基となったものが始まりと言われています[9]。松尾芭蕉も水道工事に参画していたという記録があります[10]。また，この時代には金沢，水戸，福山，名古屋などで一部飲料用として整備されています。横浜市が近代水道の給水を開始したのは1887年でした。その後，函館市（1889年），長崎市（1891年），大阪市（1895年）と3府5港と言われた都市を中心に水道が布設されていきました。鎖国時代が終わりを告げ，外国との交易が盛んになり，コレラ，チフス等の伝染病の流行が衛生行政の最大の関心事でした。わが国の初期の近代水道は，英国からの技術導入によるものでした。特に，横浜市の水道建設に当たったH. S. パーマーと衛生工学の開祖とも言うべきW. K. バルトンの指導・助言によるところが大きかったと言えます。琵琶湖疏水の開削に携わった田邉朔朗（図7.3）をはじめ，わが国にも優れた技術者が生まれました[11],[12]。

　第二次世界大戦後，豊かな社会の構築に水道は貢献してきました。森本哲郎の「豊かな社会のパラドックス[13]」という著作に，「私の子供のころ，駅のホームにも，学校の運動場にも，公園にも，水飲み場があった。水道の蛇口に，必ず鎖でアルミニウムのコップがぶらさげられていた。水を飲むときはそのコ

図 7.3 田邉朔朗博士のテルフォードメダルと卒業論文草稿（琵琶湖疏水記念館）

ップを水でゆすいで，それからなみなみと注ぎ，一気に飲み干した．そのうまさといったら！」という一節があります．

現代の市民は，日常生活で森本哲郎のような水道のありがたみを実感する機会は少ないでしょう．なぜなら，2004 年の水道普及率は 96.9％ に達しており，ほとんどの市民生活に水道は浸透しているからです．

2004 年 6 月，厚生労働省は「水道ビジョン」（図 7.4[14]）を策定しました．このビジョンでは，「世界のトップランナーを目指してチャレンジし続ける水

施策の推進	政策目標		あるべき姿
	① 安心	すべての国民が安心しておいしく飲める水道水の供給	世界のトップランナーをめざしてチャレンジし続ける水道
(1) 水道運営基盤の強化	② 安定	いつでもどこでも安定的に生活用水を確保	
(2) 安心・快適な給水の確保	③ 持続	地域特性に合った経営基盤の強化	自らが高い目標を掲げて常に進歩発展
(3) 災害対策等の充実		水道文化・技術の継承と発展	将来にわたって需要者の満足度が高くあり続け，需要者が喜んで支える水道
(4) 環境エネルギー対策の強化		需要者ニーズを踏まえた給水サービスの充実	
(5) 国際協力等を通じた水道部門の国際貢献	④ 環境	環境保全への貢献	あらゆる分野で世界のトップレベルの水道
	⑤ 国際	わが国の経験の海外移転による国際貢献	＜安心＞＜安定＞＜持続＞＜環境＞＜国際＞

図 7.4 水道ビジョン

道」を基本理念とし，わが国の水道の現状と将来見通しを分析・評価し，水道のあるべき将来像とその実現のための具体的な施策や工程を示しています。国際協力と水道事業の需要者を強く意識しています。

一方，近年の健康ブームからおいしい水を求めて，身近な名水・湧水を捜し求めることを厭（いと）わない人が増えています。これらの名水の中には，昔の簡易水道の水源であったものが多く存在します。地域の水文化を守っていく意識を育てることが大切です。

〔3〕 下水道と渋滞（循環器系・血液系）　例年，正月やお盆には高速道路の帰省ラッシュによる交通渋滞のニュースが流れます。交通渋滞の原因は，インターチェンジの合流部や上り坂で発生します。渋滞現象は道路交通だけではありません。観客の劇場出入口への殺到による渋滞，われわれが普段利用している階段，エレベーターやエスカレーター，駅の電車の乗り降り，インターネットにおけるアクセスの渋滞，工場の製品在庫の渋滞などがあります。環境に関する渋滞としては，魚の遡上時の河川横断構造物における渋滞，都市における廃熱の渋滞によるヒートアイランド現象や集中豪雨による下水道の内水氾濫（はんらん）などが挙げられます[15]。地震などの災害時にはボランティアや救援物資が各地から集まってきますが，その人材や物資をうまく配置・分配できないとそれらの渋滞を招くこともあります。このような渋滞を解消するためには，様々な分野において領域を越えた研究が行われています。

われわれの身体ではリンパ腺における老廃物の渋滞により種々の病気が引き起こされます。都市においてはどうでしょうか。①各種の伝染病の予防と撲（ぼく）滅，②雨水の速やかな排除と浸水の防除，③汚水の速やかな排除と停滞による周辺環境悪化の抑制，④水洗便所化による居住環境の改善を目的に，人々の生活環境の整備と向上を図っています。下水道施設は自然の持つ浄化能力を集約的，効率的に行い，汚水の渋滞を解消する施設と言えます（図7.5）。

下水道は，環境都市の基盤整備の一環として多額の建設費を投じて整備され，完成後も維持管理や更新に多額の経費を要する国家レベルの公共事業です。それゆえ，先進国ほど下水道の普及率が高い傾向にあります。日本の下

図 7.5 下水道施設（水浄化センター）の見学

水道普及率は，2006年現在で約70％とかなりの水準を達成していますが，先進国としては低い値であるうえに，地域格差が非常に大きく，未普及地域における早急な整備が求められています。特に，中山間地では，農村集落排水や合併式浄化槽による個別対策などの整備が行われています。その一方で，普及率が高い都市部では，合流式下水道の改善，老朽化した管路施設の更新など，つぎなる課題が急務です。その他にも，大きく立ち後れている高度処理方法の導入や，産業廃棄物処分における汚泥リサイクルの推進など，多くの課題が山積している現状です。

〔4〕 **大気環境（呼吸器系）** 　大気環境は，呼吸を通じて人の健康に大きな影響を与えます（**図7.6**）。大気環境を汚染する物質には，火山や黄砂などの自然現象として発生するものもありますが，人為的な経済的，社会的活動から発生する有害物質がほとんどです。

これらの物質による大気汚染の影響は，地球規模のものと地域レベルのものに分けられます。地球規模の影響とは，地球温暖化，オゾン層破壊，酸性雨などです。一方，地域レベルでの大気汚染は，工場煙突からの燃焼ガスの排出，自動車排気ガス中の硫黄酸化物・窒素酸化物・浮遊粒子状物質，それらの二次的汚染である光化学オキシダント，さらに，アスベストなどにより，人の健康（呼吸器に悪い影響を与える）や生活環境，動植物に悪影響を与えます。

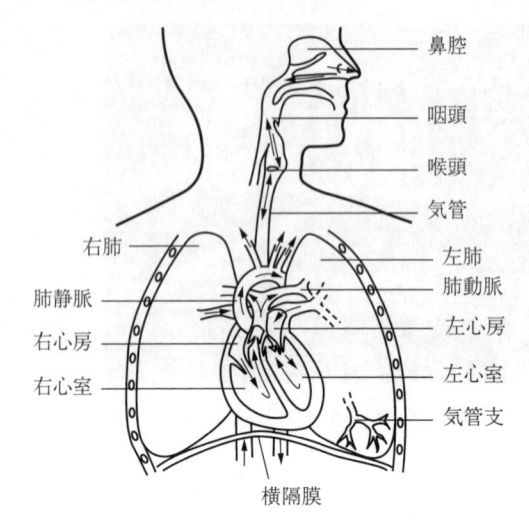

図 7.6 呼吸器系

（図中のラベル：鼻腔、咽頭、喉頭、気管、右肺、左肺、肺静脈、肺動脈、右心房、左心房、右心室、左心室、気管支、横隔膜）

　わが国では，1970年代まで大規模な工場地帯や幹線道路沿いで深刻な大気汚染が生じ，スモッグや光化学スモッグの発生により多くの被害が出ました。その後，自動車などの排出ガスや工場などからの排煙の規制が進み，被害は少なくなってきました。しかし，主要都市ではディーゼルエンジンが原因とされる大気汚染が改善されていないと言われています。さらに，近年，中国の急速な経済成長に伴って大気汚染物質が国境を越えてわが国に飛来し，光化学オキシダントの発生による被害が出始めています。また，都市におけるエネルギー消費の増大により，ヒートアイランド現象が発生しています。

　シビルエンジニアリングでは，大気にかかわる汚染のメカニズムと健康影響，大気汚染の法的規制と対策について取り扱います。

　19世紀後半から，私たちが住んでいる地球の平均気温が過去に例を見ないような急激な上昇を示してきました。その原因として，おもに化石燃料の燃焼やその他の人間活動により，大気中の温室効果ガスである二酸化炭素が短期間に急激に増えたこととされています。温室効果ガスとは，おもに水蒸気・二酸化炭素・メタン・フロンなどのことです。これらの温室効果ガスは，太陽から流入する日射エネルギーは透過させますが，地表から放射される赤外線を吸収する性質を持っています。そのため温室効果ガスが増加すると，地球に入る太

陽放射エネルギーと地球から出る地球放射エネルギーとのバランスが崩れ，それがバランスするまで気温が上昇し，地球温暖化が進むと考えられています。

　IPCC（気候変動に関する政府間パネル）によれば，地球温暖化に関する世界的な影響として，海面の上昇，食糧危機，種の絶滅などを挙げています。また，マラリアとテング熱などの伝染可能性の範囲が拡大することが予測されています。さらに，熱波の増加により，熱に関連した死亡や疾病の増加が起こり，洪水が頻発します。特に，開発途上国では飢餓や栄養失調となる可能性が増加すると予測されています[16]。わが国においても年平均気温はこの100年間で1.0℃上昇しており，水資源，農業，森林，生態系，沿岸域，エネルギー，健康などの分野において温暖化が様々な悪影響を及ぼすことが予測されています。

　6.4節〔**2**〕で述べましたように，1997年の京都議定書により，わが国も温室効果ガスを削減する義務（2008年〜2012年までの間に1990年比−6％）があります。温室効果ガスである二酸化炭素の約半分を排出している産業部門はほぼ目標を達成しているのですが，自動車・船舶などの運輸部門，商業・サービス・事務所などの業務部門，私たちの日常生活をしている家庭部門の二酸化炭素削減が強く求められています。

　そのために，化石燃料の代替エネルギー（太陽光，風力，原子力，海水の温度差）を利用した発電，さらに廃棄物やバイオマスによる発電，炭素循環の観点から望ましいとされるバイオ燃料の使用など様々な取組みがなされています。家電機器や自動車などライフサイクルアセスメントに基づくエネルギー消費効率の改善により，二酸化炭素の排出を抑制する企業の試みも進められています。環境都市の社会基盤施設を構築するシビルエンジニアリングの分野においても，化石燃料の使用を減らし，資源のリサイクルを進めなければなりません。

〔**5**〕**音環境（感覚器系）**　近年，グローバル化に伴い人々のライフスタイルが昼夜を問わないものになってきましたので，音や振動に関する環境の保全は日常生活にとって重要となっています。騒音や振動は人の耳などの感覚器

図7.7　感覚器官（人の耳）の構造

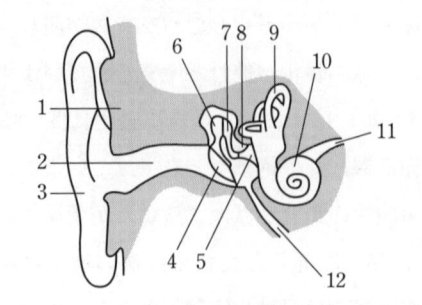

1：骨導, 2：外耳道, 3：耳殻,
4：鼓膜, 5：前庭窓, 6：槌骨,
7：砧骨, 8：鐙骨, 9：三半規管,
10：蝸牛, 11：聴神経, 12：耳管

官（図7.7）に直接作用し，精神的な苦痛をもたらします。

　騒音規制法が1968年に施行され，工場・事業所，建設作業の騒音問題から道路交通・航空機・新幹線・近隣・広告関係から発生する騒音問題の解決へと移行してきました。わが国の騒音問題は，1980年代に入ってしだいに沈静化に向かいました。その背景には，環境改善に対する住民の関心と，自治体など行政面の努力によるところが大きいと言えます。それとともに，各種騒音低減技術の開発と実用化が大きく貢献しています。例えば，騒音発生源の騒音制御技術，伝播経路での防音壁・塀の技術開発や建築構造物の遮音性能の向上などです。

　これらの技術により個別発生源（固定発生源）の騒音レベルは低下していますが，移動発生源と言われる車両（自動車，鉄道など）や航空機は，大型化・台数の増加・走行速度の高速化により，騒音問題が拡大しています。受音側の住宅・建築構造物の高密度化や防音化は，外部騒音の透過伝播を低減する効果がありました。しかし，近年は，住宅・建築構造物内の空調設備機器・電気機器類から発生する「かすかな騒音や固体伝播音」が，心理的影響や聴感的影響をもたらしています。特に，低周波音による苦情が増えています。

　このように，最近のわが国の音環境の問題は，単に騒音に妨害されない生活環境というだけでなく，快適な音環境の創造に向かっています。

〔6〕　**土壌汚染（皮膚系）**　　地盤は環境都市の表面を覆っていますから，人体の皮膚に相当します。地盤を構成している土壌の汚染は，皮膚炎にたとえ

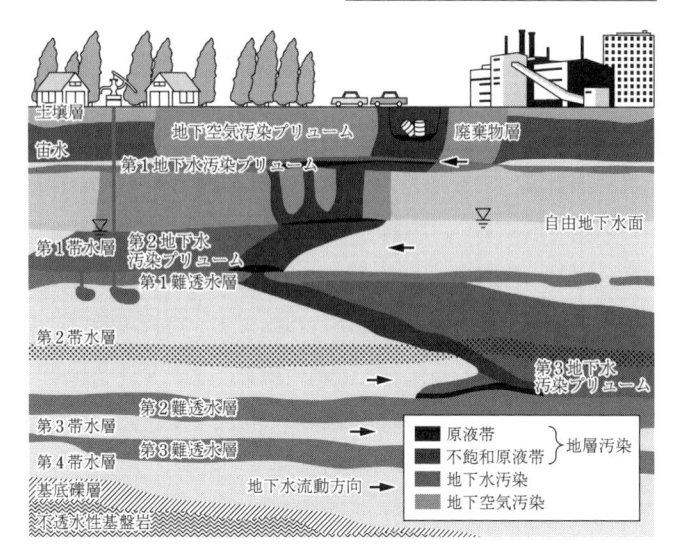

図 7.8　土壌・地下水の汚染のメカニズム

ることができます。図 7.8[17] は，揮発性有機化合物，重金属類，農薬類などによる土壌・地下水の汚染のメカニズムを表したものです。これらの汚染は，人の健康と生活環境の安全性を脅かしています。

土壌汚染は，以前から地下水汚染という形で顕在化することが多かったため，水質汚濁防止法に基づいて対応されていました。しかし，土壌汚染が複雑で深刻なものとなってきましたので，2003 年 2 月に「土壌汚染対策法」が施行され，土壌・地質・地盤等についての抜本的な汚染対策法制が整備されました。これは，近年，わが国における土壌汚染問題を取り巻く状況が大きく変化してきているからです[18]。具体的には，①企業経営環境の変化を受けて遊休不動産の流動化圧力が強まっていること，②海外からの高水準の対日直接投資が続き，投資における欧米式の環境リスク評価の考え方が導入されたこと，③不動産証券化等の進展により投資家の裾野が広がったこと，および④環境問題に対する社会的認識に伴い土壌汚染リスクの認識が高まっていることなどが挙げられます。

土壌汚染は大気汚染や水質汚濁に比較して，局所地域に限定されることが多

いと言えます。また，土壌汚染は具体的な対策を講じてからも，地下水汚染という形の慢性痛（病気の原因が直っても痛みが残る）を伴いますので，その痛みが基準値以下に低下するまで見守る必要があります。

〔7〕 **環境保全計画（内分泌系）** 人の身体にある多くの器官は，それぞれがたがいに連絡を取りあい，協調して働いています。この連絡と調整の役割をするのが内分泌系の神経とホルモンです。人体の機能の恒常性を維持するために，ホルモン調節と自律神経系調節が行われます。持続可能な社会を目指して行われる環境保全にかかわる企画・計画の策定，意見交換と調節に基づく意志統一への取り組みは，内分泌系の各種調節に相当します。

1972年の国連人間環境会議，1973年の国連環境計画の設立，1992年の気候変動枠組み条約（温暖化防止条約）と生物多様性に関する条約の採択，1994年の砂漠化対処条約の採択，1997年の京都議定書の採択，2002年にヨハネスブルグで開催された持続可能な開発に関する世界首脳会議など，環境問題への国際的な取組みが活発になされてきました[19]。最近では，毎年開催される主要国首脳会議（サミット）（例えば，2008年北海道洞爺湖）のテーマに環境問題が取り上げられるとともに，気候変動枠組み締結国会議は12回目を迎え（2006年，ケニア），第4回世界水フォーラム（2006年，メキシコ），国連気候変動に関するハイレベル会議（2007年，ニューヨーク）などの環境に関する国際会議が目白押しに開催されています。

"Think Globally, Act Locally（地球規模で考え，地域で行動を）"という言葉をご存知でしょうか？ これからは国際協力により世界的規模での取組みを推進するとともに，行政，企業，消費者がそれぞれの社会的責任を果たしていく必要があります。そのためにわれわれのライフスタイルを環境への負荷が少ないものに改めていくことが大切です。

わが国では，環境基本法15条に基づき，環境保全に関する総合的・長期的な施策の大綱等を定める環境基本計画が，1994年12月に閣議決定されました。環境政策の長期的な目標として，「循環」，「共生」，「参加」，「国際的取組」の4つを掲げ，「環境への負荷が少ない持続的に発展することができる社会」

を目指しています。環境保全に関しては，社会基盤施設を整備するシビルエンジニアリングのすべての計画において，環境基本計画との調和が重要です。

1997年の河川法改正に伴い，これまでの「治水」と「利水」に加えて「河川環境の整備と保全」が，法の目的に追加されました。また，それまでの「工事実施基本計画」に代わって，長期的な河川整備の基本となるべき方針を示す「河川整備基本方針」と，今後20～30年間の具体的な河川整備の内容を示す「河川整備計画」が策定されることになりました。後者については，地方公共団体の長，地域住民等の意見を反映する手続きが導入され，具体的な川づくりが明らかになるように計画を策定するとともに，地域の意向を反映する手続きを導入することとしました[20),21)]。

それぞれの流域には個性があります。地形・地質，自然環境，流域住民の暮らしも様々であり，これからの流域のあり方を考える場合には，全国一律の治水対策と流域独自の利水・環境条件との間で，どのように整合性を取るかが大きな課題となっています。例えば，淀川水系流域委員会は，琵琶湖部会，淀川部会，猪名川部会，木津川上流部会の4つの地域別部門と環境・利用部会，治水部会，利水部会，住民参加部会の4つのテーマ別部会に分かれて議論が進められました。

〔8〕 **環境影響評価（健康診断）**　環境影響評価（環境アセスメント）とは，主として大規模な開発事業が環境に対して及ぼす影響を事前に評価し，代替案の検討や対策を講じるために実施されます。したがって，人の体の異常の有無を調べる健康診断に相当するものです。

環境影響評価における調査，予測，評価の項目は，対象事業の性質に応じて，公害に関わる7項目（大気汚染，水質汚濁，土壌汚染，騒音，振動，地盤沈下，悪臭）および自然環境の保全にかかわる5項目（地形，地質，植物，動物，景観および野外レクリエーション地）の中から抽出されます。わが国では，1997年に環境影響評価法(通称：環境アセスメント法)が制定されました。また，地方自治体においても，条例等により独自の環境影響評価制度が定められています。

〔9〕 **自然再生事業と生物多様性国家戦略（リハビリテーション）**　リハビリテーションの語源は，ラテン語で「本来あるべき状態への回復」という意味合いがあります。病気やけがにより体調を損なった場合に，それを徐々に回復するためにリハビリテーションが行われます。環境都市においても，損なわれた自然を回復する事業は，リハビリテーションと言えます。すなわち，自然再生事業は自然のあるべき姿，地域の潜在的な生物多様性を回復することです。

　1960年代の高度成長期以降，大都市への人口・資産の集中と工業化は，水需要を増大させました。また，治水の安全度を高める必要性から上流に多目的ダムが建設され，地方の水循環のシステムは大きく変貌しました。例えば，扇状地末端の湧水が枯渇し，下水道の整備の遅れから水質悪化を招き，農業用水路のパイプライン化により水辺を生息環境とする生物は著しく減少しました。1990年代以降は，下水道の整備とともに都市河川の水質が改善され，これに伴って昔のように鮎などの遡上が可能となっています。さらに，多くの生物が生息できるように，全国の河川で多自然川づくりが行われています[21]。また，地方においては里地里山の自然再生と生活排水対策により，メダカやホタルなどの身近な生き物が帰ってくるでしょう[22]。

　生物の多様性を脅かす危機は3つの段階が存在します[23]。第一の危機は，開発や乱獲など人間活動に伴う負のインパクトによる生物や生態系への影響です。その結果，湿地など脆弱な生態系に暮らす多くの種が絶滅の危機に瀕しています。第二の危機は，里山の荒廃等の人間活動の縮小や生活スタイルの変化に伴う影響です。経済的価値の減少した二次林や二次草原が放置され，耕作放棄地が拡大しています。一方では，画一化された水路など人工的整備の拡大が重なり，里地里山生態系の質が劣化し，特有の動植物が消失しています。特に，中山間地域で顕著であり，今後この傾向がさらに強まると言われています。第三の危機は，外来種の移入等の人間活動によってもたらされるインパクトです。国外または国内の他地域から様々な生物種が持ち込まれ，その結果，在来種の捕食，交雑，環境攪乱等の影響が発生しています。また，環境ホルモ

ンなど化学物質の生態系への影響のおそれが生じています。

これらの3つの危機については，シビルエンジニアリングだけでなく，あらゆる分野の知識と技術を総動員して対応することが必要です。

〔**10**〕　**環境保全事業における事故（医療事故）**　外科手術における医療事故のように，自然再生工事などの環境保全工事において，本来意図しない事態が発生することがあります。その例をお話しましょう。

この工事はホタルの復活を目的に，2面張りの河川法面の片側を土手にするため，コンリート壁を取り壊し，小割にしたコンクリート片を蛇籠に詰め，再び法面に施工する工事でした。ところが，この工事中に工事現場の下流約500 m にかけて，オイカワ，ウグイ等400匹が死んでいました。簡易測定法によりこの川の水の pH を測定したところ，9.0～9.5でした。また，事故当時下流域で pH が 11.5 に達していたことや，工事現場上流での pH は 7.7 と正常値であったことから，当日実施されたコンクリート小割作業（図 **7.9**）によるコンクリート破砕片からのアルカリ分の溶出が原因と考えられました。建設材料としてのコンクリートが水中では強アルカリ性を示すという特性を十分理解して，起こりうる危険性を予測・検討できておれば，防ぐことができたはずです。

図 7.9　コンクリートの小割工事現場と死んだ魚

〔**11**〕　**環境関係の資格（医師免許，看護師免許）**　われわれの体の病気やけがを予防し治療してくれるのは，国家試験に合格し，厚生労働大臣の免許を

受けた医師や看護師です。シビルエンジニアリングに携わる技術者が環境関係のプロとして活躍するには、つぎのような資格を持つ必要があります。

（**1**）　**技術士**　　1.4節〔4〕においても述べていますが、一人前の技術者になるには必要な資格です。環境関係の技術者には、建設部門、上下水道部門、環境部門のいずれかに取り組むことが望まれます。環境部門においては以下に示すような内容の基礎知識および専門知識が問われます。

①大気、水、土壌等の環境保全、②地球環境の保全、③廃棄物等の物質循環の管理、④環境の状況の測定分析と監視、⑤自然生態系および風景の保全、⑥自然環境の再生・修復および自然とのふれあい推進

（**2**）　**公害防止管理者**[24]　　公害問題を克服するために、1971年6月、「特定工場における公害防止組織の整備に関する法律（法律第107号）」が制定されました。この法律の施行により、工場内に公害防止に関する専門的知識を有する人（公害防止管理者）を置くことが義務付けられました。また、技術士第一次試験の共通科目の免除規定に、測量士などとともに公害防止管理者（大気第1種・第3種、水質第1種・第3種）が認定されています。

（**3**）　**ビオトープ管理士**[25]　　ビオトープとは地域の野生生物が暮らす場所という意味です（図**7.10**）。シビルエンジニアリングの技術者は、自然と調和した国土利用に関する提言活動、調査・研究、普及啓発などを行うことによって、ビオトープを守ったり、失われたビオトープを回復したりしなければ

図**7.10**　学生指導による水生生物調査とビオトープ創造

なりません。環境省や国土交通省，農林水産省をはじめ，多くの地方公共団体が，新しい環境政策としてビオトープ事業・自然再生事業に注目しています。自然生態系の保護・復元の知識を身につけ試験に合格すると，ビオトープ管理士になれます。

（**4**）**その他**　　資格ではないのですが，プロジェクトWET[26]とプロジェクトWILD[27]という環境関係の教育プログラムがあります。プロジェクトWET（Water Education for Teachers）は，水や水資源に対する認識・知識・理解を深め責任感を促すことを目標として開発された「水」に関する教育プログラムです。一方，プロジェクトWILDは，野生生物と自然資源に対し，責任ある行動をとれるようになることを目標とした環境教育プログラムです。いずれも，幼稚園児から高校生が主たる対象ですが，そのエデュケータとして技術者が活躍でき，自らが学び教える立場として環境教育に参画できます。

8

情報技術への第一歩

8.1 情報とコンピュータ

　情報とは，何かの知識を文字や記号で表現したものです。情報に価値を見出し，大量の情報を利用することで機能している社会を情報化社会と言います。情報化社会では，コンピュータやインターネットによって大量の情報を処理して新たな知識を生み出します。そのために必要な基本的な能力をコンピュータリテラシーと言います。コンピュータリテラシーには，コンピュータを使う技術だけでなく，コンピュータについての知識や，インターネットを使うためのルールやマナーなどが含まれています。情報化社会における技術者には，コンピュータリテラシーや，いろいろな情報を有効に活用する能力，情報リテラシーが必要不可欠です。

　〔*1*〕**コンピュータの歴史**　　複雑な計算を機械で実行させたのはパスカルだと言われています。1642年に税金の計算のために歯車式の計算機「パスカリーヌ」を完成させました。しかし，現在のコンピュータに近いものを考え出したのは，バベッジだと言われています。彼は「階差機関」や「解析機関」といったものを考え出しました。

　本格的な電気式のコンピュータは，1930年代にエイケンらがIBMと共同で開発した「Mark I」です。1つの乗算を実行するのに，2秒から3秒かかりました。同じころ，モークリーとエッカートは，軍事用の弾道計算のためにENIACというコンピュータを開発しました（図*8.1*）。18 000本もの真空管

図 8.1　大型計算機 ENIAC

を使った巨大な装置で，ビルのワンフロアを占領しました。

その後，ショックレーたちは，シリコンを使った半導体を発明しました。半導体を使ったコンピュータは急速に小型化，高速化し，今日のコンピュータ時代が到来したのです。

1960 年代，コンピュータが使われ始めたころ，一人で一台のコンピュータを使って作業を行っていました。1970 年代に入ると，多くの人がコンピュータを利用するようになり，一台のホストコンピュータを複数の利用者が使うようなシステムになりました。その後，ホストコンピュータと端末を通信回線で結び，遠く離れた場所からでもホストコンピュータを利用できるようになりました。このようなシステムを利用した例として JR の座席予約システムや，銀行のオンラインシステムがあります。

1980 年代になって，さらに学校や会社，工場などにコンピュータが普及すると，それらのコンピュータどうしをつないで，データのやりとりを容易にするシステムが開発されました。このような狭い範囲のコンピュータどうしをつなぐネットワークを LAN（local area network）と言います。コンピュータどうしのデータをやりとりする方法や手順を定めたものを，通信プロトコルと言います。そのうちの 1 つが TCP/IP（transmission control protocol/internet protocol）であり，インターネットの標準になっています。もともと 1960 年代の終わりにアメリカの国防総省の国防高等研究局（DARPA）によって，

軍事目的で開発された技術で，1970年に4つの計算機を接続することから始まったARPAネットワークがその起源です。

1990年代に入ると，コンピュータが一人一台の割合で普及し，パソコンがLANでつながれ，そのLANどうしがつながれて世界中のパソコンがネットワークにつながれるようになりました（図8.2）。これがインターネットと呼ばれているものです。インターネットを介して，電子メールやWWWなどの利用や，サービスや物の売買まで行われるようになっています。

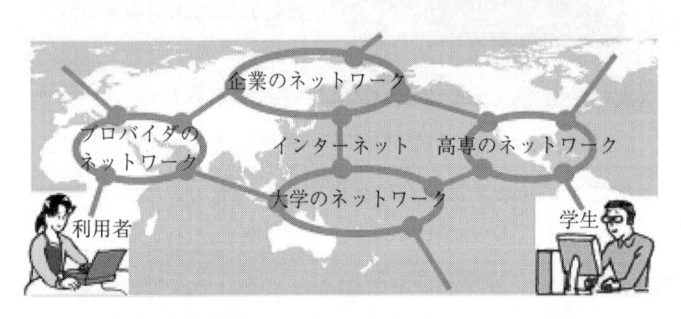

図8.2 コンピュータネットワーク

2000年代には，携帯電話からインターネットを利用できるようになりました。さらに，動画などの配信サービスも始まり，携帯電話によるテレビ電話も可能になっています。

〔2〕 **コンピュータの扱う情報**　コンピュータの扱える情報はたったの2種類，すなわち0と1です。スイッチのようなものを考えれば，0のときOFF，1のときONという状態です。この1個のスイッチをビットと呼びます。例えば，2個のスイッチAとBを用いると，スイッチAの状態と，スイッチBの状態の組合せによって，$2^2=4$種類の状態を区別できます。4ビットになると$2^4=16$種類に，さらに16ビットになると，$2^{16}=65\,536$種類の状態を区別できることになります。それぞれの状態に1つの文字を対応させれば，65 536文字を区別できます。また，8ビットを1バイトと言います（図8.3）。

コンピュータの扱う情報はすべて何らかの形で数字か文字によって表し，さらにこの数字や文字をビットの組合せで表現します。また，順序と0と1の区

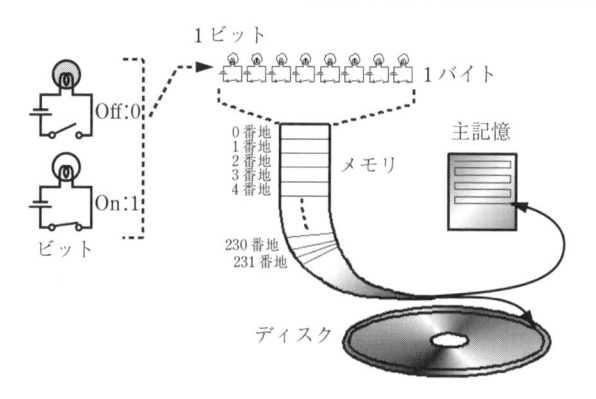

図 8.3　ビットとバイト

別さえ間違いなければ，情報を正確に伝えることができます。このようにビットによって表現された情報をディジタル情報と呼び，そうでない情報をアナログ情報と呼びます（図 8.4）。アナログ情報は音の波や生の電気信号などのように，状態が滑らかに変化する連続量です。このようなアナログ情報も，一定の間隔で数字に表すことによって，ディジタル情報に変えることができます。これをディジタル化と言います。ディジタル化の技術によって，コンピュータで音声や映像を扱えるのです。

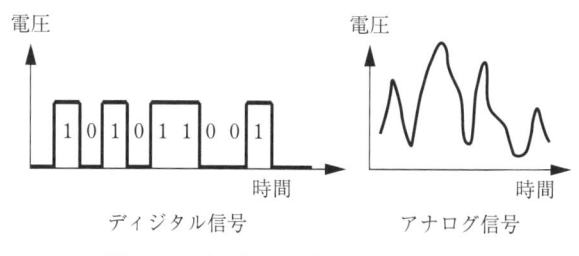

図 8.4　ディジタル信号とアナログ信号

〔3〕 **情報社会と情報倫理**　コンピュータやインターネットによって私たちの生活は便利になりましたが，一方で危険な面や問題もあります。以下に述べるような問題を知ったうえで，正しくコンピュータやインターネットを利用することが大切です。

① **情報過多**　インターネットの情報は，会社，大学などの組織だけでなく，個人でも発信できます。したがって，その量は膨大ですが，その内容が疑わしいものも多くあります。また，人間が一度に扱える情報には限界があります。このように過剰な情報や疑わしい情報は，役に立つどころか，かえって混乱のもとになります。

② **情報格差**　インターネットにある情報をうまく使える人と使えない人の間の差をディジタルディバイド（digital divide）と言います。ディジタルディバイドによって経済的な格差が生じると社会的な問題となってしまいます。このようなディジタルディバイドを広げないような努力が必要です。

③ **高度管理社会**　インターネットを使って知識や個人の情報を集中管理することも可能です。ただし，このような情報管理が必ずしも人間生活にとって良いこととは限りません。国家や組織が情報を独占的に管理すると，個人が抑圧されてしまう恐れがあるからです。

④ **情報の不正使用**　インターネットの情報は簡単に複製することができ，それを広げることも容易です。このような行為は，個人の著作権の侵害や，個人情報の流出といった問題を引き起こします。また，情報が都合のよいように改竄(かいざん)されて，他人への攻撃や中傷に使われる恐れもあります。デマや流言飛語などの恐れもあります。このような不正利用を防ぐためには，利用者のモラルの向上や，社会的な規則や法律などの整備，遵守(じゅんしゅ)が必要となります。

⑤ **情報倫理**　このような情報化社会の問題を避けるために，ルールやマナーがあります。

〔4〕**情報化社会のシビルエンジニアリング技術**　道路や鉄道，上下水道，エネルギー施設など，人々の生活を支える社会基盤施設を建設したり，維持管理したりするシビルエンジニアリングの技術は，情報コミュニケーション技術（information and communication technology, ICT）を利用しています。例えば，橋や高層ビルの設計には，コンピュータによる構造解析を行って，地震や台風にあったときの応答を計算します。水や大気の流れをコンピュ

ータで解析して，河川や海岸の構造物を設計したり，大気汚染の予報を出したりします。また，車や人の動きをコンピュータで予想して，道路の設計が行われています。

仕事のやり方もインターネットの普及によって大きく変わってきています。構造物の設計書はすべてコンピュータで作成し，仕事の発注，受注，維持管理もインターネットを介して行われます。私たち技術者は，コンピュータやインターネットを上手に使いこなしていかなければなりません。ここからは，もう少し詳しく情報化社会におけるシビルエンジニアリングの技術について見ていきましょう。

8.2 解析技術とシミュレーション

〔1〕 **巨大な構造物などの構造解析**　巨大な橋や，高層ビルなどを設計する場合には，地震や台風などに襲われたときの挙動を知る必要があります。それらの挙動は構造力学や材料学の知識を使って予測しますが，実際の構造物は複雑なので計算は非常に難しくなります。だから，模型などを使って実験によって確かめることになるのですが，そもそも構造物自体が大きいので，そのような実験を手軽に行うわけにはいきません。そこで，構造物の挙動をコンピュータの中で再現する技術（シミュレーション）が発展してきています。

図 8.5 は，斜長橋の上を自動車が走行したときに生じる振動モードを，コンピュータでシミュレーションしたものです。橋全体が振動しやすいと走行性や安全性が失われますし，橋の耐久性にも影響を及ぼします。このような解析を行って橋の振動の原因を調べ，振動が著しい場合には橋の構造を変更します。このようなことを繰り返して，揺れの少ない橋を設計していくのです。

このようなコンピュータによる計算は，車の設計でも行われています。車が衝突したときの壊れ方をコンピュータがシミュレーションし，衝突しても乗務者が大きなけがをしないように，車体の構造を決めているのです。

138   8. 情報技術への第一歩

(a) 解析した斜長橋

(b) 2次モード   (c) 3次モード

(d) 6次モード   (e) 8次モード

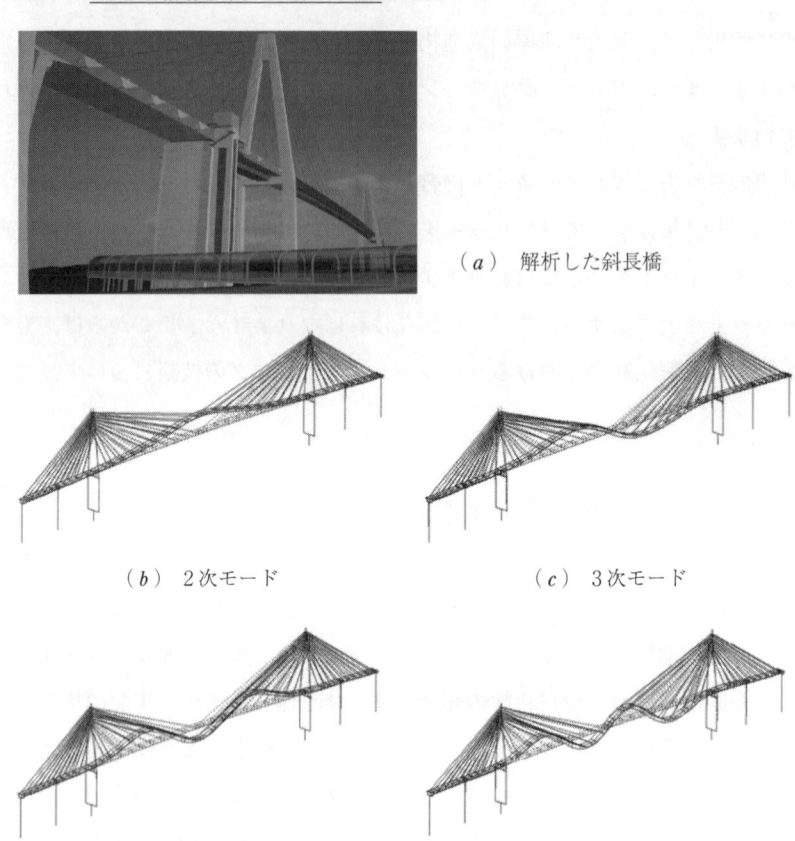

図 8.5　橋の振動解析（金沢大学　梶川康男教授　提供）

〔2〕 **水や大気のシミュレーション**　　水や大気の流れは，いろいろな要因が絡まりあった複雑な物理現象です。このような現象もシミュレーションされて，洪水や津波による被害予測に役立っています。図 8.6 は，1960 年に発生したチリ地震による津波がどのように日本まで押し寄せてきたのかを，コンピュータが再現したものです[1]。現在では，地震が発生したときに，どのような津波が発生し，どのように海岸に打ち寄せるかをあらかじめ予測することが可能です。このような予測に基づいて，人々の避難計画などを立てます。

　高層ビルが立ち並ぶ都会においては，大気の流れが大きく変化します。これ

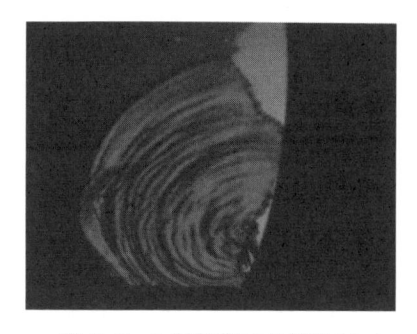

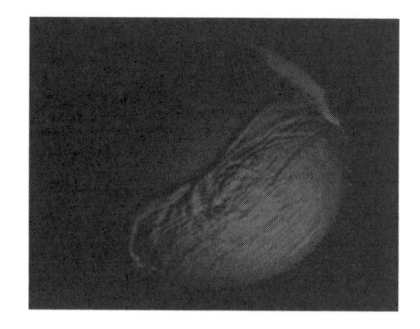

図 8.6 チリ地震による津波のシミュレーション（東北大学 今村文彦教授 提供）

が大気汚染や都市温度の上昇の原因になります。高層ビルを計画するときには，ビルの建設が周りの環境にどのような影響を及ぼすかを，あらかじめ調べておく必要があります。このような調査の際に，大気の流れをシミュレーションする技術が使われます。**図 8.7** はその一例で，高層ビル群の間を風がどのように流れるのかを解析したものです[2]。

図 8.7 高層ビル群の間の大気の流れ
（中央大学 樫山和男教授 提供）

〔**3**〕 **交通流のシミュレーション**　道路の渋滞がなぜ起きるのか，道路を拡張したり交通信号の青の時間を変えたりしたら，車の流れはどのように変化するのかを，コンピュータによって調べることができます。このような調査結果に基づいて，道路や交通信号の計画を立てます。

簡単なシミュレーションを紹介しましょう[3]。1本の道をいくつかの箱で区

切ります．1つの箱には一台の車しか入れないとします．車の流れは，ある箱から隣の箱に車が移ることにより表します．車は一度に1つの箱にしか移ることができません．もし隣の箱に別の車がいたら，移らないでそのまま同じ箱にとどまります．1本の道にいる車を一斉に隣の箱に移動させると，これがある瞬間から別の瞬間への車の移動を表します．いま，図 8.8 の1番上のように車があるとします．つぎに，車が移動したときには2番目の状態になります．これを順番に繰り返していくと，車がそれほど多くないときには，車は順調に流れていきます．しかし，車の数が多くなると，渋滞が生じることがわかります．このようなシミュレーションを道路のネットワークで行います．単純な手順をたくさんの車で実行するには，コンピュータが必要です．

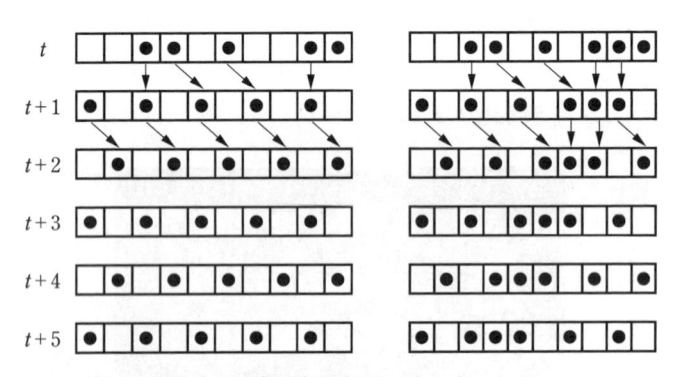

図 8.8 車の流れのシミュレーション

図 8.9 交差点の車の流れのシミュレーション

さらに複雑な車の動きをコンピュータで再現させると，**図8.9**のような現実的なシミュレーションができます[4]。

〔4〕 **景観シミュレーション**　公共構造物は巨大なものが多いので，完成すると周囲の景観を大きく変えてしまいます。いったん完成してしまうと変更することは難しいので，その構造物が景観に合わないと，役に立っている構造物でも評判が悪くなります。そこで，例えば橋の設計のときに，完成した橋の様子をコンピュータ上で表現してみます。このような技術を景観シミュレーションと言います。設計の段階ですから，橋の形式や色を変えて様子をみることができます（**図8.10**）。それらを変えながら，技術者だけでなく周辺の住民や景観の専門家の意見を聞いて，景観に合った橋を設計することができます。

図 8.10　橋の景観シミュレーション（金沢大学　近田康夫教授　提供）

8.3　設計から施工まで（CALSの世界）

実際の技術者の仕事は，たいていコンピュータやインターネットを利用して

行われています。国土交通省では，インターネットを用いて公共事業を効率的に行う仕組みを作り，利用するように推進しています。ある事業の業者選定から，工事の設計・施工・維持管理までを，一貫した電子データに基づいてインターネットを用いて行っていくシステムをCALS/EC (continuous acquisition and life-cycle support/electric commerce，継続的な調達とライフサイクルの支援/電子商品取引の略：公共事業支援統合システム）と呼んでいます[5]。

ある役所が担当地域の川に1つの橋を架ける工事を行うことになりました。この工事を例にとって，CALS/ECを使わない場合と使う場合について考えてみましょう。

〔1〕 **CALS/ECを使わない場合**　　役所の担当者は，どのような工事で，どのくらいの金額になるかなどの情報を役所の広報や掲示板で公開します。

建設会社の営業担当者は，役所まで毎日出向いて，どんな工事が発注されるか，自分の会社が請け負える工事があるかどうかを調べます。そこで，この橋の工事の情報を知り，必要な書類一式を役所まで取りに行って，入札（工事を請け負いたいと申し出ること）のための準備をします（**図8.11**）。

図8.11　入札のための準備

建設会社の技術者は，工事に必要な計算書，図面，施工計画書，費用の見積書などを，役所から指定された形式で整えます。不明なことがあれば，役所の担当者に電話で質問します。図面などの具体的な資料を見せて質問しなければ

ならないときは，役所まで出向きます。図面が手書だと，修正に非常に手間がかかります。

入札の準備が整うと，工事の計画や価格に関する分厚い書類一式を役所に届け，入札します。ほかの建設会社も同じように入札しますので，役所の担当者は整理するのが一苦労です。役所の担当者は，これらの会社の設計や施工方法などの計画が技術的に妥当かどうかを審査します。審査に合格した計画を提出した会社の中から，最も安い価格を提案した会社と工事の契約をします。これを落札と言います。

落札した建設会社は，設計図面や施工計画に基づいて建設工事を行います（図 8.12）。役所は，工事の進み具合や，でき上がったものを検査します。不具合や問題があれば，その都度計算書や図面を修正して，工事を進めます。このようなトラブルが重なると図面や施工計画が混乱してくることがあります。

図 8.12 工事や維持作業

橋の工事が完成して開通した後も，定期的に点検して異常がないか確かめます。何か問題があれば図面や施工実施記録を見て原因を探しますが，工事から時間がたつと図面や記録の保管場所があいまいになることもあります。役所の担当者は転勤している場合が多いので，すぐに対応できないこともあります。建設工事を請け負った会社でも，工事責任者が定年退職して会社にいない場合もあります。さてどうしたらよいのでしょうか。

今度，同じ川の別の場所に同じような橋を架ける計画が持ち上がりました。入札の資料を作成するときに，以前の似たような橋の資料を参考にできれば，作業が早く終わります。しかし，古い資料の所在が不明な場合は，結局最初か

ら書き直さなければなりません。昔の資料が残っていれば残業しなくてよいのに，何とかならないものでしょうか。

〔2〕 **CALS/EC を使う場合**　役所は，橋の工事計画をインターネットに公開して，入札したい会社を募ります。建設会社では，その公開されている情報をインターネットで集めて，入札の準備をします。入札に必要な書類一式もインターネットから手に入れます。

　入札のためには，設計計算書，橋の建設に必要な図面，橋を作製し現場に架ける作業手順，費用の一覧表などを準備します。これらをすべて電子データとして，インターネット経由で役所に提出することになります。設計書，施工計画書などはワープロや表計算ソフトで作成します。設計図面はCADで作成します。写真はデジタルカメラで撮影し，画像ファイルで保存します（図 8.13）。

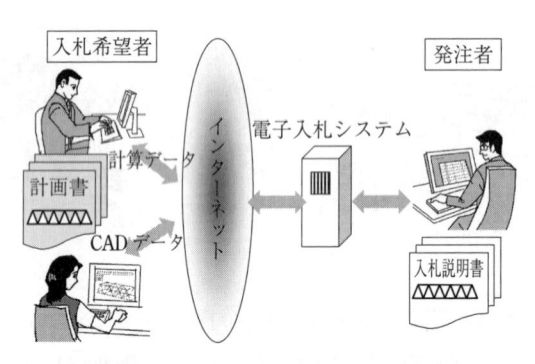

図 8.13　インターネットによる入札

　いくつかの会社が入札した場合でも，すべてが電子データなので，それらの整理は容易です。役所は，技術的に妥当かどうかを審査し，妥当な計画を提出した会社の中で，安い価格を提示した会社と橋の事業を請け負う契約を結びます（図 8.14）。

　つぎに，実際に橋を製作し，現場に架ける作業を行います。その際，工事が計画通りに進んでいるかどうかを確認し，写真などの記録をコンピュータに蓄積していきます。また，現場で何か問題が生じた場合には，電子メールで役所

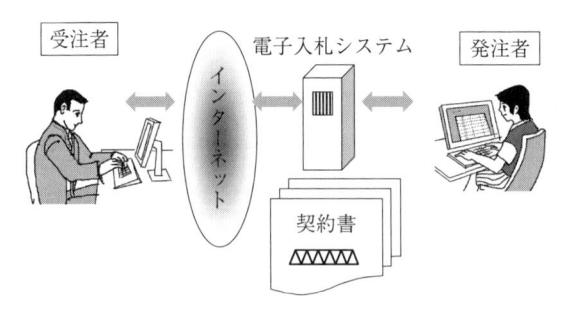

図 8.14 インターネットによる契約

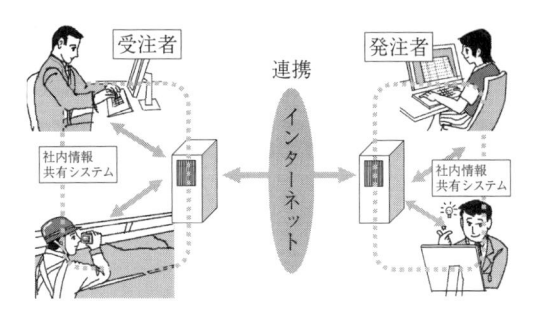

図 8.15 インターネットによる受注者と発注者の連絡

と相談します。そのときに必要な図面や写真はインターネットで見ることができるので，すばやく対応できます（**図 8.15**）。

橋の工事が完成した後，検査を受けて，橋を開通させます。開通後も定期的に点検し，問題があればコンピュータに保存してある元の図面や工事記録を見ながら適切に対応します。設計，施工データとともに維持管理データも蓄積しておき，つぎの類似な工事を行うときの参考とします。特に，いろいろな問題があったときの対応などでは，二度と同じ問題を起こさないようにすることができます。

8.4　リモートセンシングと GIS

〔**1**〕　**リモートセンシングと画像処理**[6]　　離れた場所から物質の情報を読み取る技術を，リモートセンシング（remote sensing）と言います。飛行機や

146　8. 情報技術への第一歩

人工衛星から撮影された写真を解析して，地表の温度や植物の状態などを知ることができます。物体に電磁波を当てると，物質の種類によってあるいは状態によって異なった電磁波を反射します。また，物体は温度によって赤外線を放射します。このように反射されたり放射されたりした電磁波を，離れた位置でいろいろなセンサでとらえて解析すると，その物質の種類や状態を知ることができるのです。

図 8.16 は，電磁波の波長ごとに反応するセンサでとらえた画像です。同じ場

　　　（a）　青の波長の画像　　　　　　　　（b）　近赤外線の画像
　　　　　図 8.16　異なった波長の電磁波をとらえた画像
　　　　　　　（(財)リモート・センシング技術センター　提供）

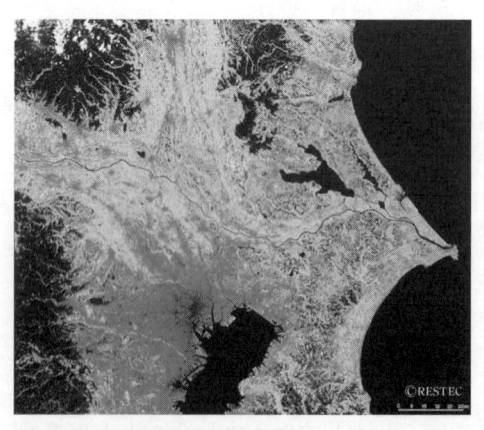

　　　図 8.17　関東平野の土地利用分布((財)リモート・センシング技術センター　提供)

所の写真であっても，見え方はずいぶん異なります。例えば，近赤外線は水に吸収されて反射しないので黒く見えます。一方，活発に活動している植物では近赤外線を反射しますので，植物が茂っている場所は白く見えます。このような特徴をうまく利用することによって，植物の分布を知ることができます。

図 8.17 はリモートセンシングの技術を用いて，関東平野の土地利用分布を調べたものです。この技術を用いると，広い範囲の土地利用を一度に調べることができます。図 8.18 は，アマゾンの熱帯雨林の状況です。図（a）の下のほうに少しだけ見える直線は，人間が森林の中に建設した道です。図（b）では，この道が画面全体に広がっている様子がわかります。時間ごとに同じ場所の写真をとっておくと，その場所の時間的な変化を知ることができます。さらに，海の温度分布や海流の流れなどを調べ，地球環境の変化を知るために使われています。

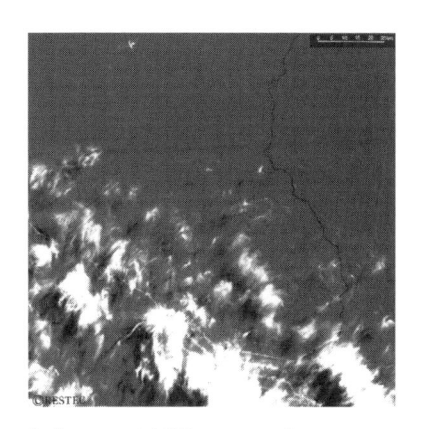

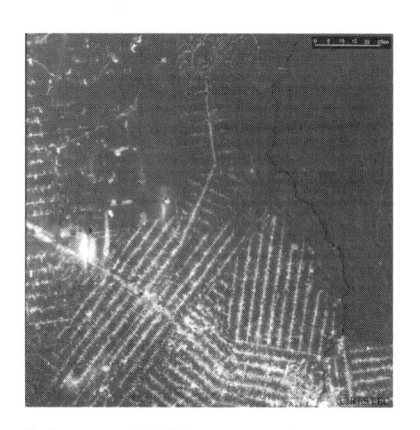

(a) 1973 年観測 Landsat/MSS データ　　(b) 1986 年観測 Landsat/MSS データ

図 8.18　アマゾンの熱帯雨林の状況（(財)リモート・センシング技術センター 提供）

〔2〕 **GIS の利用事例**　　GIS とは geographical information system の略称で，日本語では地理情報システムと呼ばれています。地形や道路，鉄道などの地図の情報と，地図上のいろいろな場所の個別の情報を電子化して，コンピュータの中で組み合わせ，場所や経路の検索，距離や面積の計算などができる

148　8．情報技術への第一歩

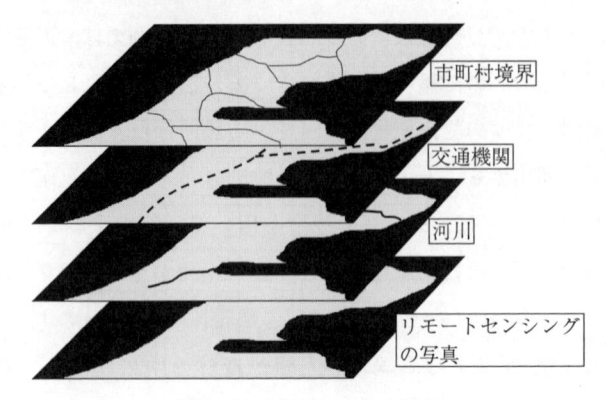

図 *8.19*　GIS のデータ構造

システムです（**図 8.19**）[7]。カーナビゲーションシステムは，GPS（全地球測位システム）と GIS を組み合わせたもので，経路や位置だけでなく，レストランやホテルなどの場所や施設の内容などの情報を検索できるようになっています。

　GIS が利用されている例を上水道の維持管理システムで説明します。飲料水を運ぶ上水道管は都市内に網の目のように配置されています。その管が1箇所でも壊れると周囲が断水しますので，つねに修理点検しなければなりません。その作業には，配管図や地図が不可欠です。また，どの場所に上水道管が

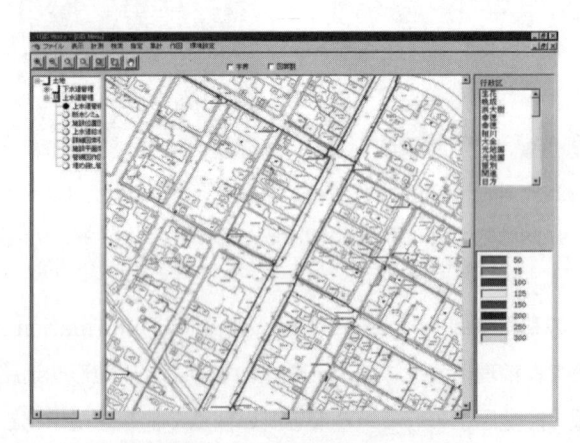

図 *8.20*　上水道維持管理システムの例
（(株)大和田測量設計 提供）

どの深さに埋まっているか,弁がどの場所にあるか,消火栓の場所はどこかなど,いろいろな情報が必要です。これまでは,それらの情報は別々の地図に収められていました。また,修理した管の場所は,その都度,地図に書き込んでいかねばなりませんでした。これらのデータを GIS にまとめることによって,コンピュータ上の地図にすべての情報が表示できるようになります(**図8.20**)[8)]。また,管を修理するときにどの範囲の家が断水するかを,コンピュータによって調べることもできます。

8.5 技術者に必要な情報リテラシー

情報化社会で活躍する技術者には,つぎのような能力が必要です。

〔*1*〕 **情報が正しいかどうかを判定する能力** 技術者が扱う情報には,自分自身が自然現象や社会現象を計測して得る情報と,それらを誰かが加工してまとめたものから得る情報があります。前者は構造物の動きや温度などを自分で測定するような場合です。自分自身で直接計測した情報については,その中身や精度などがわかっているので信頼できます。しかし,誰かがまとめた情報,例えば新聞,TV,報告書,インターネットで得た情報などは,どこまでその内容が正しいのかは本当のところはわかりません。このような間接的に得られた情報については,慎重にその発信先や内容を確かめる必要があります。

内容にしっかりした根拠がなく,想像や憶測で何かの結論を出しているものがあります。それらは疑ったほうがよいでしょう。根拠や元のデータをはっきり示してあるかどうかを確かめましょう。1つの事柄について,多くの人や機関が同じ内容や数字を示していれば,それらは正しい可能性が高いと考えてよいでしょう。

〔*2*〕 **情報を分析する能力** 実験や観察で得られたデータは,大量の数字や画像で表現されています。これらをコンピュータで整理して,表・グラフ・図などでわかりやすく表現するために,表計算ソフトや図形ソフトをうまく使いこなす技術が必要です。プログラミングの知識があると,データの加工がや

りやすく便利です。単にグラフなどを作るだけでなく，その傾向や特徴を表現するために，統計や多変量解析などの理論を理解して，うまく応用することも大切です。

〔3〕 **必要な情報を検索する能力** たいていの情報はインターネットから得ることができます。ただし，闇雲にインターネットで調べても，広大な海から特定の一匹の魚を釣るようなもので，大変時間がかかります。必要な情報については，あらかじめその方面の基礎的な知識を得ておいてから，インターネットで探すのがよいでしょう。インターネットで検索する前に，周りに専門家がいないかどうか見てみましょう。専門家の話を聞くことが一番なのは，今も昔も変わりません。

〔4〕 **情報をうまく説明するプレゼンテーション能力** 多くのデータや情報から，役に立つ情報を得ることができたら，それを他の人に伝えることも大切です。いろいろな人が情報をまとめ，それらを使い，さらによい情報を伝えていくことによって，人類の文明が発展していきます。そのためには，自分の得た情報を他の人にわかりやすく表現する能力が必要です。このような能力をプレゼンテーション能力と言います。プレゼンテーション能力の中には，論理的に正しい文章表現能力，プレゼンテーションソフトを使いこなす能力，口頭で発表し，質問にはっきり答えられる能力が含まれます。

情報化社会は国際的な社会です。外国の情報を集めたり，海外に情報を発信するときには英語を使いますので，英語の能力はとても大切です。

引用・参考文献

1章

1) ピラミッドの不思議旅，http://www.pyramid-trip.com/（2008年1月現在）
2) 世界遺産の旅「大ピラミッド群」，http://www.nhk.or.jp/sekaiisan/card/cards 019.html（2008年1月現在）
3) 旅する世界遺産太古のロマン「神の街テオティワカンでピラミッドに登ろう」，http://allabout.co.jp/travel/worldheritage/closeup/CU 20070606 A/index.htm（2008年1月現在）
4) 水について調べよう，世界で初めてできた水道，http://suntory.jp/kids/mizu-iku/study/k 014.html（2008年1月現在）
5) 安孫子幸雄，澤孝平：改訂道路工学，コロナ社（1984）
6) 世界遺産の旅「万里の長城」，http://www.nhk.or.jp/sekaiisan/card/cards 193 b.html，同/cardr 032.html，同/cardr 033.html（2008年1月現在）
7) 「万里（ワンリー）の長城（チャンチョン）」，http://www.arachina.com/heritage/greatwall/（2008年1月現在）
8) 月刊同友社：ASCE Monuments of the Millennium 人類が20世紀に遺した偉大なる技術への挑戦，（非売品）（2002）
9) 関西国際空港株式会社，http://www.kiac.co.jp/tech/index.html（2008年1月現在）
10) NHK「テクノパワー」プロジェクト：巨大建設の世界，海上空港・沈下との戦い，日本放送出版協会（1993）
11) 日本ダム協会：ダム便覧2007，フーバーダム，http://wwwsoc.nii.ac.jp/jdf/Dambinran/binran/WDam/WAll_096.html（2008年1月現在）
12) 小林志郎，小澤康彦：パナマ運河返還と新運河建設構想の行方，土木学会誌，**85**, 12, pp.76-79（2000）
13) 巨大古墳見てある記，仁徳天皇陵，http://www.miyosida.com/kofun/index.html（2008年1月現在）
14) 堺市：仁徳陵古墳百科，http://www.city.sakai.osaka.jp/hakubutu/ninhya.html（2008年1月現在）

15) 版築研究所：版築とは，http://www.kobe-du.ac.jp/env/kimura/hanchiku/main.html（2008年1月現在）
16) 京都市上下水道局：琵琶湖疏水，http://www.city.kyoto.lg.jp/suido/page/0000006469.htm（2008年1月現在）
17) 田村喜子：京都インクライン物語，新潮社（1982）
18) 黒部ダムオフィシャルサイト：黒部ダムを知る，http://www.kurobe-dam.com/whatis/index.html（2008年1月現在）
19) 日本ダム協会：ダム便覧2007，ダム辞典，黒部の太陽，http://wwwsoc.nii.ac.jp/jdf/Dambinran/binran/Jiten/Jiten_04.html（2008年1月現在）
20) 吉村昭：高熱隧道，新潮文庫（1975）
21) Nゲージで見る鉄道史・20世紀日本の鉄道，http://funasan.xrea.jp/n_rekishi/index.html（2008年1月現在）
22) 井口圭一郎：整備新幹線の建設過程と地域振興効果，立命館法政論集，3，pp. 406-449（2005）
23) JR北海道函館支社：青函トンネル，http://jr.hakodate.jp/train/tunnel/default.htm（2008年1月現在）
24) 藤川寛之：本州四国連絡橋のはなし―長大橋を架ける―，交通研究協会発行，成山堂書店（2002）
25) 明石海峡大橋，http://homepage1.nifty.com/momotaroh/sub07_new_page.html（2008年1月現在）
26) 島田喜十郎：明石海峡大橋，夢は海峡を渡る，鹿島出版会（1998）
27) 読売新聞：「基礎からわかる談合」いつからあったの？，http://www.yomiuri.co.jp/features/bridge/200506/br20050626_r02.htm（2008年1月現在）

2章
1) ガボル・メドベド著，成瀬輝男訳：世界の橋物語，山海堂（1999）
2) 石井一郎：土木工学概論（改訂版），鹿島出版会（2003）
3) 三浦基弘，岡本義喬：橋の文化誌，雄山閣出版（1998）
4) 嵯峨晃，武田八郎，原隆，勇秀憲：構造力学Ⅱ，コロナ社（2003）
5) 嵯峨晃，武田八郎，原隆，勇秀憲：構造力学Ⅰ，コロナ社（2002）
6) 日本橋梁建設協会：日本の橋―鉄の橋百年のあゆみ―，朝倉書店（1985）
7) 土木学会田中賞選考会編：Bridges（田中賞の橋），鹿島出版会（1999）
8) 松村博：橋梁景観の演出（うるおいのある橋つくり），鹿島出版会（1995）

引 用 ・ 参 考 文 献　　*153*

3 章

1) 国土交通省土地・水資源局水資源部編：平成 18 年度版日本の水資源，国立印刷局（2006）
2) 国土交通省土地・水資源局水資源部編：平成 16 年度版日本の水資源，国立印刷局（2004）
3) 読売新聞電子版（2007 年 4 月 6 日），http://www.yomiuri.co.jp/science/
4) クリスチャン・ゲルディ，福留脩文：近自然河川工法，西日本科学技術研究所（1992）
5) 国土交通省近畿地方整備局淀川河川工事事務所：淀川のワンドに行ってみよう
6) （財）河川環境管理財団大阪研究所：わんどの機能と保全・創造（1999）

4 章

1) 鴻池組ホームページ，http://www.konoike.co.jp/tec/gd‐tokachi.pdf（2008 年 1 月現在）
2) 環境省・（財）日本環境協会：土壌汚染対策法のしくみ，http://www.env.go.jp/water/dojo/law_qanda/pamph-1.pdf（2008 年 1 月現在）
3) 環境省水・大気環境局：平成 17 年度全国の地盤沈下地域の概況，http://www.env.go.jp/water/jiban/gaikyo 17/h 17.pdf（2008 年 1 月現在）
4) 環境省：平成 19 年版環境・循環型社会白書，http://www.env.go.jp/policy/hakusyo/h 19/html/hj 07030402.html＃3_4_2（2008 年 1 月現在）
5) 国土交通省のリサイクルホームページ：建設副産物の現状・定義，http://www.mlit.go.jp/sogoseisaku/region/recycle/fukusanbutsu/genjo/teigi.htm（2008 年 1 月現在）
6) 国土交通省：平成 17 年度建設副産物実態調査結果について，http://www.mlit.go.jp/kisha/kisha 06/01/011208_2_.html（2008 年 1 月現在）
7) 国土交通省：発生土利用基準について，http://www.mlit.go.jp/tec/kankyou/hasseido/060810 kijyun.pdf（2008 年 1 月現在）

5 章

1) 近藤泰夫，岸本進，角田忍：新版土木材料学，コロナ社（1997）
2) 鋼材倶楽部編：土木技術者のための鋼材知識，技報堂出版（1968）

6 章

1) Arnold Whittick：Encyclopedia of Urban Planning，McGraw-Hill（1980）

154　引用・参考文献

2) ソーラーシステム研究グループ：循環都市へのこころみ―環境をいかに取り戻すか―，日本放送出版協会 (1996)
3) 長谷川博，岸本進，狩俣恒一，長尾守，植田紳治：土木工学概論，コロナ社 (1982)
4) 尾島俊雄：ヒートアイランド，東洋経済新報社 (2002)
5) 国土交通省中部運輸局：豊田市における生活交通確保に向けたバス輸送サービスのあり方に関する調査報告書 (2004)
6) 日本都市学会：都市の活性化と NPO (2004)
7) 都市計画用語研究会：都市計画用語辞典，ぎょうせい (1993)
8) 都市環境学教材編集委員会：都市環境学，森北出版 (2003)
9) 豊田市：豊田市生活交通確保基本計画 (2004)
10) 家田仁，岡並木：都市再生―交通学からの解答―，学芸出版社 (2002)
11) 奥田教朝，吉岡昭雄：都市計画通論，オーム社 (1973)
12) 豊田市：豊田市都市計画マスタープラン地区別構想素案策定業務報告書 (2005)
13) 市川嘉一：交通まちづくりの時代，ぎょうせい (2002)
14) 河上省吾，松井寛：交通工学，森北出版 (2005)
15) 加藤晃，竹内伝史：新・都市計画概論，共立出版 (2006)
16) 佐藤圭二，杉野尚夫：新都市計画総論，鹿島出版会 (2003)
17) 文化科学高等研究院 (EHESC) 都市文化科学研究センター：都市・空間・建物の根拠をさぐる―空間の存在論へ，飛島建設株式会社開発事業部 (1991)
18) 大田勝敏：新しい交通まちづくりの思想―コミュニティからのアプローチ，鹿島出版会 (1998)
19) 石井一郎，上浦正樹，亀野辰三，田中修三：環境都市計画，セメントジャーナル社 (1998)
20) 林亜夫，阪本一郎：都市システム工学，放送大学教育振興会 (2003)

7章

1) 中谷内一也：リスクのモノサシ―安全・安心生活はありうるか，日本放送出版協会 (2006)
2) 土木学会誌：第2回医学編「悩める都会人と土木」, http://www.jsce.or.jp/journal/soto/200206.htm (2008年1月現在)
3) 水俣市立水俣病資料館：http://www7.ocn.ne.jp/~mimuseum/ (2008年1月現在)
4) 上岡克己，上遠恵子：レイチェル・カーソン，ミネルヴァ書房 (2007)

5) 住友恒，細井由彦：環境衛生工学，朝倉書店（1987）
6) 琵琶湖博物館：http://www.lbm.go.jp/（2008年1月現在）
7) 人体と病気/健康のしくみ：http://www.kzknan.info/（2008年1月現在）
8) 日本水道協会編：水道のあらまし2001（2001）
9) 三原市水道局：なるほど中本先生の水コラム，http://www.mihara-waterworks.jp/sensei/01.htm,http://www.mihara‐waterworks.jp/sensei/02.htm, http://www.mihara-waterworks.jp/sensei/03.htm（2008年1月現在）
10) 大松騏一著，松本市寿監修：神田上水工事と松尾芭蕉，神田川芭蕉の会，東京文献センター（2003）
11) 京都市上下水道局：琵琶湖疏水記念館，http://www.city.kyoto.jp/suido/kinenkan.htm（2008年1月現在）
12) 高橋裕監修：日本の近代土木を築いた人びと，ビデオ企画大成建設（2001）
13) 森本哲郎：豊かな社会のパラドックス，角川書店（1980）
14) 日本水道協会：水道ビジョン，http://www.jwwa.or.jp/vision/index.html（2008年1月現在）
15) 仙台市下水道局：下水道って，なに？，https://www.city.sendai.jp/kensetsu/gesui/index.html（2008年1月現在）
16) 地域産業文化研究所：IPCCに関する動向，http://www.gispri.or.jp/kankyo/ipcc/ipccinfo.html（2008年1月現在）
17) （株）テクノアース：土壌汚染のメカニズム，http://www.technoearth.co.jp/geo_contamination/mechanism.html（2008年1月現在）
18) 日本不動産研究所：土壌汚染，http://www.reinet.or.jp/jreidata/osenpj/（2008年1月現在）
19) 環境省：平成19年版環境・循環型社会白書，http://www.env.go.jp/policy/hakusyo/（2008年1月現在）
20) 国土交通省河川局：http://www.mlit.go.jp/river/（2008年1月現在）
21) 国土交通省河川局：河川整備基本方針・河川整備計画，http://www.mlit.go.jp/river/gaiyou/seibi/index.html（2008年1月現在）
22) 里地ネットワーク：身近な生きものに出会える里・越前，http://satochi.net/takefu/（2008年1月現在）
23) 生物多様センター：http://www.biodic.go.jp/（2008年1月現在）
24) 産業環境管理協会：公害防止管理者試験，http://www.jemai.or.jp/JEMAI_DYNAMIC/index.cfm（2008年1月現在）

25) 日本生態系協会：ビオトープ管理士，http://www.ecosys.or.jp/eco-japan/ （2008年1月現在）
26) 河川環境管理財団：プロジェクトWET，http://www.project-wet.jp/（2008年1月現在）
27) 公園緑地管理財団：プロジェクトWILD，http://www.projectwild.jp/projectwild.php,（2008年1月現在）

8章
1) 今村文彦：津波の解析と可視化，過去・未来を知るために，土木学会誌，**87**, 6, pp.5-7（2002）
2) 樫山和男，市村強：数値シミュレーションへの3次元GIS/CADデータの利用，土木学会誌，**90**, 5, pp.28-29（2005）
3) 西成活裕：渋滞学，新潮社（2006）
4) 大窪剛文：交通流の解析と可視化，HEROINE：阪神高速道路の交通流シミュレーション，土木学会誌，**87**, 6, pp.14-16（2002）
5) 国土交通省：CALS/ECアクションプログラム2005
6) リモートセンシング技術センター，http://www.restec.or.jp/（2008年1月現在）
7) 中村和郎，寄藤昴，村山祐司編：地理情報システムを学ぶ，古今書院（2000）
8) （株）大和田測量設計，http://geo999.com/web/pdf/Suidou.pdf（2008年1月現在）

索　引

【あ】

アイアンブリッジ	92
アイゼンハワー	11
相乗り	108
青山士	14
明石海峡大橋	12, 22, 37, 93
アスファルト	97, 98
アスファルトコンクリート	97
アーチ橋	22, 38, 41, 43
アーチダム	17
圧密	10, 74, 81
圧密係数	75
圧密試験	75
圧密沈下の促進方法	76
アナログ情報	135
天の浮橋	35
アメリカ州間高速道路	11
アンカレイジ	23
安全な水	56
安済橋	36

【い】

猪甘津の橋	36
石	66, 87
一般廃棄物	81
移動発生源	124
インターネット	134
──による契約	145
──による入札	144
インフラストラクチュア	1, 105

【え】

液状化現象	71
液性限界	68

【お】

大河津分水	54
大谷石	89
汚染土壌の処理	79
汚泥リサイクルの推進	121
音環境	123
温室効果ガス	107, 122, 123

【か】

改正都市計画法	102
階段式魚道	63
海面式運河	13
カーシェアリング	108
かずら橋	43
化石燃料の代替エネルギー	123
河川改修	51
河川整備計画	127
カーナビゲーションシステム	147
川崎橋	49
環境アセスメント	127
環境影響評価	127
環境基本計画	126
環境基本法	25
環境系の科目	32
環境地盤工学	77
環境づくり	114
環境都市	112

環境に関する国際会議	126
環境保全	126
環境保全計画	126
環境問題	24
環境リスク	78
間隙水圧	72
関西国際空港	9, 76
緩衝地帯	103
含水比	68
カンチレバー橋	42
関東大震災	101

【き】

技術士	29, 130
技術者の倫理	28, 33
記述説明	28
北垣国道	16
木橋	37
揮発性有機化合物	78
狭軌	18
共生	114
京都議定書	111, 123
橋梁顕彰碑	50
魚道	63
切羽	20
近赤外線	147
金属材料	92
錦帯橋	43

【く】

区域区分	105
釧路沖地震	73
釧路湿原	62
グラウト	18, 21
グラベルドレーン	73

索引

黒部ダム		17
黒部の太陽		18
軍事工学		2

【け】

計画系の科目		32
景観		61, 141
景観シミュレーション		141
下水道		117, 120
下水道普及率		120
桁橋		38
ケーブル		22
ゲルバー橋		42
減災		25
原水		57
建設廃棄物		82, 83
建設発生土		82, 83
建設副産物		82, 84
建築基準法		102
建ぺい率		105

【こ】

鋼		92, 93
公害防止管理者		130
公害問題		24
光化学オキシダント		122
光化学スモッグ		122
高架橋		22, 45
工業高校		2, 4
公共工事		23, 26
公共交通手段		106
公共事業		105
公共事業支援統合システム		142
工業用水		56
合金材料		93
鋼索橋		37
工事間利用量		83
洪水災害		52
洪水対策		53
洪水対策施設		54, 56
合成樹脂		97
高性能減水剤		96

洪積層		77
構造解析		137
構造系の科目		31
交通需要マネジメント		107
交通需要予測		108
交通流		139
口頭説明		28
高熱隧道		18
合板		91
高分子材料		87, 96
閘門式運河		13, 14
広葉樹		90
合流式下水道		121
古代の橋		35
古代ローマ		6
骨材		88
個別発生源		124
コールタール		98
ゴールデンゲートブリッジ		11
コンクリート		87, 94
混合セメント		95
コンシステンシー		68
コンピュータリテラシー		132
混和材料		96

【さ】

再資源化等率		84
再資源化率		84
最大排水長		75, 76
材料系の科目		32
作業坑		21
産業廃棄物		81
サンドコンパクションパイル工法		74
三内丸山遺跡		89

【し】

紫雲丸事故		21
市街化区域		105
市街化調整区域		105

市街地建築物法		101
試験所		30
自浄作用		109
自浄能力		77
自然環境		52
自然災害		112
自然再生事業		63, 128
自然材料		87
自然との調和		24
自然破壊		24
私的交通手段		106
社会基盤施設		1
斜坑		20
斜張橋		22, 38, 41, 137
重金属		77
収縮限界		68
渋滞		140
重力式アーチダム		10
取水施設		118
主塔		22
城下町		101
浄水施設		118
浄水場		56, 116
上水道		56, 117, 148
情報格差		136
情報化社会		132
情報過多		136
情報コミュニケーション技術		136
情報処理		32
情報リテラシー		132
情報倫理		136
シルト		67
シールド工法		13
新幹線		18
人工湖		58
浸水状況		53, 55
浸透水		71
新都市計画法		102
針葉樹		90

【す】

水質の保全		60

垂直応力	69	
水　道	7	
——の歴史	118	
水道ビジョン	119	
水理系の科目	31	
水力発電	16, 17	
菅原城北大橋	48	
ストレートアスファルト	98	
砂	67	
スーパー特急方式	19	
スパン	12, 38	
すべり面	69	
スモッグ	122	

【せ】

瀬	61
生活用水	56
青函トンネル	12, 13, 19
青函連絡船	19
生態系の保全	61
石　材	88
石造アーチ橋	35, 36
セメントコンクリート	94
繊維補強プラスチックス	97
先進導坑	20
せん断応力	69
せん断強さ	70
せん断抵抗力	69
栴檀木橋	50
せん断破壊	69

【そ】

騒音規制法	124
騒音問題	124
総合工学	24
送水施設	118
創造力	27
測量学	32
測量技術	6, 7
塑性限界	68
反り橋	43

【た】

ダイオキシン	78
大学・高専	2, 3
大気汚染	121
大気環境	121
大気の流れ	138
隊商橋	35
耐震強度偽装事件	28
体積圧縮係数	75
蛇　行	61
多自然川づくり	128
三和土	94
立　坑	21
田邉朔郎	16, 118
多変量解析	150
タマリ	64, 65
ダム	54, 58, 116
弾丸列車計画	18
談　合	26
淡水化	57

【ち】

地域地区	105
地下河川	55
地下洪水調節池	55
地下水	57
——の採取規制	81
地下水汚染	125
地下放水路	55
地球温暖化	123
地盤災害	71
地盤沈下	9, 79
地盤の汚染	77
中央径間	12
沖積粘土層	75
鋳　鉄	92
鋳鉄アーチ橋	37
貯水湖	58
貯水施設	118
清渓川	60

【つ】

通信プロトコル	133
土材料	87, 91
土の色	67
津　波	138
椿山ダム	54
吊　橋	22, 38, 42, 43

【て】

ディジタル化	135
ディジタル情報	135
ディジタルディバイド	136
低入札	26
堤　防	53
鉄	92
鉄筋コンクリート	96
鉄筋コンクリート橋	37
鉄　鋼	87
電磁波	146
天満橋	46

【と】

導水施設	118
洞爺丸事故	19
道路網	7
都市医学	112
都市型水害	54
都市計画制限	102
都市計画法	101, 102
都市交通	106
都市施設	105, 116
——の配置	111
土質・地盤系の科目	31
土壌汚染	124
土壌汚染対策法	78, 125
土壌環境基準	78
土木改名	2
土木学会	2, 9, 30
土木系学科の名称	3
土木工学科	2
土木施工管理技士	30
トラス橋	22, 38

トンネルボーリングマシン 13

【な】

内部摩擦角 70
中之島ガーデンブリッジ 48
なにわ八百八橋 46
難波橋 47

【に】

新潟地震 71
日本技術者教育認定機構 29,30
入　札 26,142,144
仁徳天皇陵 15

【ね】

粘着力 70
粘　土 66,91
粘土製品 91

【の】

農業用水 51,56
農　薬 78

【は】

バイオ燃料 123
配水施設 118
バイト 134
パークアンドライド 107
破砕帯 18
パーソントリップ調査 108
バーチカルスロット式魚道 63
バーチカルドレーン工法 76
バーチャルウォーター 59
発想力 27
パナマ運河 13
バブル経済 102
バブル崩壊 102
原口忠次郎 21
阪神・淡路大震災 102
版　築 8,15,16

半導体 133
万里の長城 8

【ひ】

ビオトープ管理士 130
非集計交通需要予測モデル 108
ビット 134
ヒートアイランド現象 110,122
兵庫県南部地震 23,72
標準軌 18
ピラミッド 5
琵琶湖大橋 44
琵琶湖疎水 16
琵琶湖博物館 115
品確法 26

【ふ】

複合材料 86,87
淵 61
フーバーダム 10
ブラウンフィールド 79
プラスチックス 97
プレストレスコンクリート 96
プレゼンテーション能力 27,150
プログラミング 150
プロジェクトWET 131
プロジェクトWILD 131
ブローンアスファルト 98
分水路 54

【へ】

平安京 100
平城京 100

【ほ】

防　災 25
放水路 54
ポリマー 96
ポルトランドセメント 95

本州四国連絡橋 21,45

【ま】

まちづくり3法 102
丸太橋 35

【み】

御影石 89
水資源開発 57
水の輸入 59
水不足 57
ミニ新幹線方式 19

【も】

木　材 89
木造橋 90

【ゆ】

有効応力 70,81
遊水地 51,54
輸送施設 116
ユーロトンネル 12

【よ】

容積率 105
用途地域 111
吉野ヶ里遺跡 89
淀川水系流域委員会 127
淀屋橋 47
四段階推定法 108

【ら】

ライフライン 1
落　札 143
ラーメン橋 38,40

【り】

リサイクル 82
リデュース 82
リモートセンシング 145
粒　径 66
粒度分布 67,74
リユース 82

緑風橋	49	**【れ】**		**【わ】**	
倫理規定	15	礫	66	ワンド	64, 65
		錬鉄	93		

【C】		**【I】**		**【L】**	
CALS/EC	142	ISO	30	LAN	133
【G】		**【J】**		**【T】**	
GIS	147	JABEE	29, 30	TBM	13
GPS	147				

―― 著者略歴 ――

澤　孝平（さわ　こうへい）
1966 年　京都大学工学部土木工学科卒業
1967 年　京都大学大学院工学研究科修士課程
　　　　修了（土木工学専攻）
1967 年　京都大学助手
1972 年　京都大学講師
1973 年　明石工業高等専門学校助教授
1982 年　工学博士（京都大学）
1984 年　明石工業高等専門学校教授
2006 年　明石工業高等専門学校名誉教授
2006 年　関西地盤環境研究センター所長
2007 年　関西地盤環境研究センター専務理事
2009 年　関西地盤環境研究センター顧問
　　　　現在に至る

嵯峨　晃（さが　あきら）
1966 年　京都大学工学教員養成所土木工学科
　　　　卒業
1967 年　神戸市立工業高等専門学校助手
1971 年　神戸市立工業高等専門学校講師
1977 年　神戸市立工業高等専門学校助教授
1991 年　神戸市立工業高等専門学校教授
2004 年　構造懇話会副会長
　　　　現在に至る
2007 年　神戸市立工業高等専門学校名誉教授

川合　茂（かわい　しげる）
1972 年　立命館大学理工学部土木工学科卒業
1974 年　立命館大学大学院工学研究科修士課程
　　　　修了（土木工学専攻）
1974 年　舞鶴工業高等専門学校助手
1992 年　博士（工学）（京都大学）
1993 年　舞鶴工業高等専門学校助教授
1997 年　舞鶴工業高等専門学校教授
2006 年　和歌山工業高等専門学校教授
2008 年　舞鶴工業高等専門学校教授
2011 年　株式会社東京建設コンサルタント顧問
　　　　現在に至る

角田　忍（かくた　しのぶ）
1968 年　立命館大学理工学部土木工学科卒業
1971 年　立命館大学大学院理工学研究科修士
　　　　課程修了（土木工学専攻）
1975 年　明石工業高等専門学校助教授
1986 年　工学博士（京都大学）
1993 年　明石工業高等専門学校教授
2009 年　明石工業高等専門学校名誉教授

荻野　弘（おぎの　ひろし）
1969 年　名古屋工業大学工学部土木工学科卒業
1971 年　名古屋工業大学工学研究科修士課程
　　　　修了（土木工学専攻）
1971 年　豊田工業高等専門学校助手
1972 年　豊田工業高等専門学校講師
1977 年　豊田工業高等専門学校助教授
1985 年　工学博士（名古屋大学）
1993 年　豊田工業高等専門学校教授
2008 年　豊田工業高等専門学校名誉教授
2008 年　株式会社キクテック技術顧問
　　　　現在に至る

奥村　充司（おくむら　みつし）
1983 年　京都大学工学部衛生工学科卒業
1985 年　京都大学大学院工学研究科修士課程
　　　　修了（衛生工学専攻）
1985 年　福井工業高等専門学校助手
1988 年　福井工業高等専門学校講師
2001 年　福井工業高等専門学校助教授
2007 年　福井工業高等専門学校准教授
　　　　現在に至る

西澤　辰男（にしざわ　たつお）
1979 年　金沢大学工学部土木工学科卒業
1981 年　金沢大学大学院工学研究科修士課程
　　　　修了（土木工学専攻）
1981 年　金沢大学助手
1985 年　石川工業高等専門学校助手
1989 年　石川工業高等専門学校講師
1989 年　工学博士（東北大学）
1991 年　石川工業高等専門学校助教授
2005 年　石川工業高等専門学校教授
　　　　現在に至る

シビルエンジニアリングの第一歩
An Introduction to Civil Engineering
© Sawa, Saga, Kawai, Kakuta, Ogino, Okumura, Nishizawa　2008

2008 年 4 月 30 日　初版第 1 刷発行
2016 年 2 月 10 日　初版第 3 刷発行

検印省略

著　者	澤	孝　平
	嵯　峨	晃
	川　合	茂
	角　田	忍
	荻　野	弘
	奥　村　充	司
	西　澤　辰	男
発行者	株式会社	コロナ社
代表者	牛来真也	
印刷所	新日本印刷株式会社	

112-0011　東京都文京区千石 4-46-10
発行所　株式会社　コロナ社
CORONA PUBLISHING CO., LTD.
Tokyo Japan
振替 00140-8-14844・電話(03)3941-3131(代)
ホームページ　http://www.coronasha.co.jp

ISBN 978-4-339-05501-6　（新宅）　（製本：愛千製本所）
Printed in Japan

本書のコピー，スキャン，デジタル化等の無断複製・転載は著作権法上での例外を除き禁じられております。購入者以外の第三者による本書の電子データ化及び電子書籍化は，いかなる場合も認めておりません。

落丁・乱丁本はお取替えいたします

土木系 大学講義シリーズ

（各巻A5判，欠番は品切です）

■編集委員長　伊藤　學
■編集委員　青木徹彦・今井五郎・内山久雄・西谷隆亘
　　　　　　榛沢芳雄・茂庭竹生・山﨑　淳

配本順		書名	著者	頁	本体
2.	(4回)	土木応用数学	北田　俊行著	236	2700円
3.	(27回)	測量学	内山　久雄著	206	2700円
4.	(21回)	地盤地質学	今井・福江／足立　共著	186	2500円
5.	(3回)	構造力学	青木　徹彦著	340	3300円
6.	(6回)	水理学	鮭川　登著	256	2900円
7.	(23回)	土質力学	日下部　治著	280	3300円
8.	(19回)	土木材料学（改訂版）	三浦　尚著	224	2800円
9.	(13回)	土木計画学	川北・榛沢編著	256	3000円
10.		コンクリート構造学	山﨑　淳著		
11.	(28回)	改訂 鋼構造学（増補）	伊藤　學著	258	3200円
12.		河川工学	西谷　隆亘著		
13.	(7回)	海岸工学	服部　昌太郎著	244	2500円
14.	(25回)	改訂 上下水道工学	茂庭　竹生著	240	2900円
15.	(11回)	地盤工学	海野・垂水編著	250	2800円
16.	(12回)	交通工学	大蔵　泉著	254	3000円
17.	(30回)	都市計画（四訂版）	新谷・髙橋／岸井・大沢　共著	196	2600円
18.	(24回)	新版 橋梁工学（増補）	泉・近藤共著	324	3800円
19.		水環境システム	大垣　真一郎他著		
20.	(9回)	エネルギー施設工学	狩野・石井共著	164	1800円
21.	(15回)	建設マネジメント	馬場　敬三著	230	2800円
22.	(29回)	応用振動学（改訂版）	山田・米田共著	202	2700円

定価は本体価格+税です。
定価は変更されることがありますのでご了承下さい。

図書目録進呈◆

土木・環境系コアテキストシリーズ

(各巻A5判)

■編集委員長　日下部 治
■編集委員　小林 潔司・道奥 康治・山本 和夫・依田 照彦

	配本順			頁	本体
		共通・基礎科目分野			
A-1	(第9回)	土木・環境系の力学	斉木 功 著	208	2600円
A-2	(第10回)	土木・環境系の数学 ―数学の基礎から計算・情報への応用―	堀 宗朗／市村 強 共著	188	2400円
A-3	(第13回)	土木・環境系の国際人英語	井合 進／R. Scott Steedman 共著	206	2600円
A-4		土木・環境系の技術者倫理	藤原 章正／木村 定雄 共著		
		土木材料・構造工学分野			
B-1	(第3回)	構造力学	野村 卓史 著	240	3000円
B-2	(第19回)	土木材料	中村 聖三／奥松 俊博 共著	192	2400円
B-3	(第7回)	コンクリート構造学	宇治 公隆 著	240	3000円
B-4	(第4回)	鋼構造学	舘石 和雄 著	240	3000円
B-5		構造設計論	佐藤 尚次／香月 智 共著		
		地盤工学分野			
C-1		応用地質学	谷 和夫 著		
C-2	(第6回)	地盤力学	中野 正樹 著	192	2400円
C-3	(第2回)	地盤工学	髙橋 章浩 著	222	2800円
C-4		環境地盤工学	勝見 武／乾 徹 共著		
		水工・水理学分野			
D-1	(第11回)	水理学	竹原 幸生 著	204	2600円
D-2	(第5回)	水文学	風間 聡 著	176	2200円
D-3	(第18回)	河川工学	竹林 洋史 著	200	2500円
D-4	(第14回)	沿岸域工学	川崎 浩司 著	218	2800円
		土木計画学・交通工学分野			
E-1	(第17回)	土木計画学	奥村 誠 著	204	2600円
E-2	(第20回)	都市・地域計画学	谷下 雅義 著	236	2700円
E-3	(第12回)	交通計画学	金子 雄一郎 著	238	3000円
E-4		景観工学	川﨑 雅史／久保田 善明 共著		
E-5	(第16回)	空間情報学	須﨑 純一／畑山 満則 共著	236	3000円
E-6	(第1回)	プロジェクトマネジメント	大津 宏康 著	186	2400円
E-7	(第15回)	公共事業評価のための経済学	石倉 智樹／横松 宗太 共著	238	2900円
		環境システム分野			
F-1		水環境工学	長岡 裕 著		
F-2	(第8回)	大気環境工学	川上 智規 著	188	2400円
F-3		環境生態学	西村 修／山田 一裕／中野 和典 共著		
F-4		廃棄物管理学	中島 岡山 共著		
F-5		環境法政策学	織 朱實 著		

定価は本体価格+税です。
定価は変更されることがありますのでご了承下さい。

図書目録進呈◆

環境・都市システム系教科書シリーズ

(各巻A5判，14.のみB5判)

- ■編集委員長　澤　孝平
- ■幹　　　事　角田　忍
- ■編集委員　荻野　弘・奥村充司・川合　茂
  　　　　　　嵯峨　晃・西澤辰男

配本順			頁	本体
1. (16回)	シビルエンジニアリングの第一歩	澤　孝平・嵯峨　晃 川合　茂・角田　忍 荻野　弘・奥村充司 共著 西澤辰男	176	2300円
2. (1回)	コンクリート構造	角田　忍 竹村　和夫 共著	186	2200円
3. (2回)	土質工学	赤木知之・吉村優治 上　俊二・小堀慈久 共著 伊東孝	238	2800円
4. (3回)	構造力学Ⅰ	嵯峨　晃・武田八郎 原　隆・勇　秀憲 共著	244	3000円
5. (7回)	構造力学Ⅱ	嵯峨　晃・武田八郎 原　隆・勇　秀憲 共著	192	2300円
6. (4回)	河川工学	川合　茂・和田　清 神田佳一・鈴木正人 共著	208	2500円
7. (5回)	水理学	日下部重幸・檀　和秀 湯城豊勝 共著	200	2600円
8. (6回)	建設材料	中嶋清実・角田　忍 菅原　隆 共著	190	2300円
9. (8回)	海岸工学	平山秀夫・辻本剛三 島田富美男・本田尚正 共著	204	2500円
10. (9回)	施工管理学	友久誠司 竹下治之 共著	240	2900円
11. (21回)	改訂測量学Ⅰ	堤　隆 著	224	2800円
12. (22回)	改訂測量学Ⅱ	岡林　巧・堤　隆 山田貴浩・田中龍児 共著	208	2600円
13. (11回)	景観デザイン ―総合的な空間のデザインをめざして―	市坪　誠・小川総一郎 谷平　考・砂本文彦 共著 溝上裕二	222	2900円
14. (13回)	情報処理入門	西澤辰男・長岡健一 廣瀬康之・豊田　剛 共著	168	2600円
15. (14回)	鋼構造学	原　隆・山口隆司 北原武嗣・和多田康男 共著	224	2800円
16. (15回)	都市計画	平田登基男・亀野辰三 宮腰和弘・武井幸久 共著 内田一平	204	2500円
17. (17回)	環境衛生工学	奥村充司 大久保孝樹 共著	238	3000円
18. (18回)	交通システム工学	大橋健一・栁澤吉保 高岸節夫・佐々木恵一 日野　智・折田仁典 共著 宮腰和弘・西澤辰男	224	2800円
19. (19回)	建設システム計画	大橋健一・荻野　弘 西澤辰男・栁澤吉保 鈴木正人・伊藤　雅 共著 野田宏治・石内鉄平	240	3000円
20. (20回)	防災工学	渕田邦彦・疋田　誠 檀　和秀・吉村優治 共著 塩野計司	240	3000円
21.	環境生態工学	渡部守義 宇野宏司 共著	近刊	

定価は本体価格＋税です。
定価は変更されることがありますのでご了承下さい。

◆図書目録進呈◆